# はじめに

　青森県西部と秋田県北部にまたがる白神山地は鹿児島県の屋久島とともに1993年、日本最初の世界自然遺産に登録されました。その後、国内ではこれまでに北海道の知床半島（2005年）、東京都の小笠原諸島（2011年）が世界自然遺産に加えられています。

　弘前大学では白神山地世界遺産地域へも車で1時間足らずで行き来できる好立地を活かし、白神山地をフィールドとしてさまざまな学問分野で調査研究活動が行われてきました。そうした活動をより深化、活性化する目的で、2009年、世界遺産地域にもほど近い西目屋村川原平に18 haの広さを持つ白神自然観察園を整備し、2010年には白神自然環境研究所（現 白神自然環境研究センターの前身、観察園内に教育研究棟、西目屋村田代と弘前市の文京町キャンパスに分室）が設置されました。ここを拠点に地象・気象、植物、動物、教育・文化の各分野で活発な調査研究が行われています。

　本書は弘前大学の教養教育の授業、ローカル科目「青森の自然—白神学Ⅰ—」の教科書として作成されました。この授業は様々な専門分野を持つ教員、ゲストスピーカーによって行われるオムニバス授業です。各回の講師による研究や実践に基づいた授業内容が本書にまとめられています。この授業を通じて、弘前大学で学び始めた学生諸君に青森県が世界に誇る白神山地の魅力に触れてもらうだけでなく、白神山地という一つの地域を対象とした研究の広がりを感じて頂けることを大きな目的としています。

白神自然環境研究センター長　石 川　幸 男

# 目　　次

表紙の写真

| | | |
|---|---|---|
| アナグマ | クジャクチョウ | ミヤマクワガタ |
| ミズバショウ | シラネアオイ | オオバキスミレ |
| キツツキの食事跡 | ブナ | ドイツトウヒ |

本文中説明のない図や表は、著者によって
撮影、作成されたものです。

裏表紙の写真　ツキノワグマの足跡

# 1．世界自然遺産としての白神山地

農学生命科学部附属白神自然環境研究センター

石 川 幸 男

## 1．はじめに

　白神山地は、この地域のブナ林生態系が世界的に普遍的な価値を持つと評価され、1993年に屋久島とともに日本で最初の世界自然遺産に指定されました。白神山地世界自然遺産は青森県と秋田県との境界に位置しており、その面積は16,971haあります。このうちで青森県に属するのは12,627ha、秋田県に属するのは4,344haであり、面積的には青森県が主体となっています（図1）。この地域には広大なブナ林が広がっているものの（図2）、古い時代から人がさまざまな形で利用してきたこともよく知られています。

　この章では、最初に世界遺産の概要を紹介し、これらを踏まえて今後の課題を簡単にまとめます。

図1．白神世界自然遺産地域

図2．ブナ林 (2012.6.9　赤石川流域　クマゲラの森)

## 2．世界自然遺産としての白神山地

　環境省の運営する白神山地世界遺産センターのウェブページ[1]を参照すると、世界遺産としての指定に際しては白神山地の普遍的な価値としてこの地の生態系の特徴が重視されました。それによると、1）ここには氷河期の影響による植生の単純化を分布域の南下によりまぬがれたブナ属が優占する極相林が原始性の高い状態で分布しており、その規模は、北半球の冷温帯の森林で優占するブナ属の分布域の一つである東アジアにおいて最大であると評価されています。また同時に、2）地球規模の気候変動の歴史と多雪環境を反映した森林生態系は、植物群落の発達・遷移の過程を示すものとして、それに依存する動物群集を合わせて、顕著な見本となっていることも重視されています。さらに、3）このため白神山地は、地球の冷温帯の生態系、特にユーラシアのブナ林生態系の形成に関する研究や、気候変動と植生変化の長期的なモニタリングを行う上で非常に重要であると指摘されています。

　ここで述べられている原始性の高い生態系、氷河期以降の森林変化、生物群集のモニタリング等といった個々の内容を理解することは、21世紀に生きる人間として、地域や世界の環境を考える際に不

可欠の内容ばかりです。ここでは白神学への入り口の第一歩として、世界遺産の内容を解説するとともに、世界遺産としての白神山地の特性、課題と将来に関してまとめます。

## ３．世界遺産とは

　世界遺産とはどのようなものか、同じく白神山地世界遺産センターのウェブページを参照すると以下の通りです。この条約は 1972 年にユネスコ（国際連合教育科学文化機関）が定めたもので、正式には「世界の文化遺産および自然遺産の保護に関する条約」といいます。この条約の目的は、顕著で普遍的な価値をもつ遺跡や自然地域などを人類全体のための世界の遺産として保護、保存し、国際的な協力及び援助の体制を確立することにあります。日本は 1992 年に締結し、現在では世界の 193 ヶ国が批准しています。

　世界遺産とは、世界遺産委員会が、記載基準に照らして顕著な普遍的価値（OUV：Outstanding Universal Value）があると認められるものとして「世界遺産一覧表」に記載する文化遺産及び自然遺産のことをいいます。世界遺産のカテゴリーは以下のように文化遺産と自然遺産であり、その複合として複合遺産があります。2019 年の時点で、その総数は 1,121 件に達しています。

　　文化遺産：世界的な見地から見て歴史上、美術上、科学上顕著で普遍的価値を有する記念工作物、建
　　　　　　　造物群、遺跡（869 件）
　　自然遺産：世界的な見地から見て観賞上、科学上又は保全上顕著な普遍的価値を有する特徴ある自然
　　　　　　　の地域、脅威にさらされている動植物種の生息地、自然の風景地等（213 件）
　　複合遺産：文化遺産と自然遺産との両面の価値を有するもの（39 件）

　日本では 2011 年に平泉が文化遺産に、また小笠原諸島が自然遺産に指定されました。これらを含めて、現在、日本では自然遺産 4 件（白神山地、屋久島、知床、小笠原）、文化遺産 19 件の合計 23 件が世界遺産一覧表に記載されています。

　さて、世界遺産のうちの自然遺産は、以下のクライテリア（評価基準）の１つ以上に合致する世界的に見て類まれな価値を有していることが必要ですが、さらに評価される価値の保護・保全が法的措置等によって十分担保されていること、管理計画を有すること等の条件を満たすことが必要です。

（1）　自然景観　最上級の自然現象、又は、類いまれな自然美・美的価値を有する地域を包含する。
（2）　地形・地質　生命進化の記録や、地形形成における重要な進行中の地質学的過程、あるいは重要な
　　　　地形学的又は自然地理学的特徴といった、地球の歴史の主要な段階を代表する顕著な見本である。
（3）　生態系　陸上・淡水域・沿岸・海洋の生態系や動植物群集の進化、発展において、重要な進行中
　　　　の生態学的過程又は生物学的過程を代表する顕著な見本である。
（4）　生物多様性　学術上又は保全上顕著な普遍的価値を有する絶滅のおそれのある種の生息地など、
　　　　生物多様性の生息域内保全にとって最も重要な自然の生息地を包含する。

　白神山地の普遍的な価値は、上記のうちの（3）生態系のクライテリアに該当すると認定されたのです。その具体的な内容はブナ林の純度の高さやすぐれた原生状態の保存であるとともに、ブナ以外の動植物相の多様性も評価されました。また世界的に特異な森林であり、氷河期以降の新しいブナ林の東アジアにおける代表的なものであること、様々な群落型、更新のステージを示しつつ存在している生態学的に進行中のプロセスとして顕著な見本となっていることも大きな価値をもつものと評価されたのです。

以上から明らかなように、世界自然遺産としての白神山地を考える場合、代表するブナ林の様子を知ることが重要であることはもちろんですが、それ以外の植物群落の実態の理解も不可欠です。また地史的な時間スケールやより短い歴史的な時間スケールの中で、白神の生態系がどのように変貌してきたかという側面も欠くことができません。さらには、現在進行しつつあると懸念される温暖化をはじめとした環境変動下においては、地球の冷温帯の生態系、特にユーラシアのブナ林生態系とそこに生活する個別の生物群集のモニタリングが非常に重要であることが分かると思います。

## ４．変わりゆく今後にむけて

　白神山地の自然は、現在、大きな変動に直面していることが懸念されます。地球温暖化の程度やその原因には依然として議論があるようですが、世界中で動植物の分布等に変化の兆候が明らかです。外国の研究者が古文書の記録を用いて日本のヤマザクラ類の開花時期を調べた例では、1400年代から1900年ごろまでには顕著な開花期の変化は見られなかったものの、1900年ごろから変化の兆しが現れ、1950年代以降、急速に早まる傾向が確認されています[2]。

　こうした変化が今後も続けば、大きな影響は不可避です。現段階での温暖化シナリオによれば、温暖化とそれに付随する乾燥化によって、約100年後には白神山地にはブナの分布適地はほとんど存在しなくなるだろうとする予測もあります[3]。氷河期以降のブナの分布北上を湿原に堆積した花粉から推定した結果からは、過去約1万年間でブナの北上速度はおおむね数km～約20km/100年であるのに対して、今後に予測される温暖化の北上そのものは10km～50km/100年とされているので、ブナの北上が温暖化について行けないかもしれません。しかも、現在では植物群落は各地で分断化されているので、なおさら北上に障害が多いことになります。

　このような状況下では、ブナ林以外の局所的な群落も大きな変化を被ると考えられるものの、今後を予測する材料には乏しい状態です。白神山地を考えた場合、もともと局所的な環境で維持されてきた小規模な群落は、どれも大きな影響を被ることが危惧されます。その中でも特に、山頂間近の岩礫地や尾根上にだけ分布するハイマツ群落やニッコウキスゲ-トウゲブキ群落は、より温暖な立地に分布する群落が下から上昇してくるにつれて、より上方に避難する余地がほとんどありません（図3、図4）。この点で、もしかしたらすでに危機的状態なのかもしれません。しかし、ハイマツ群落はもともと他種の侵入しにくい岩礫地に分布していたために、今後も当面は他種の侵入が妨げられることによって、白神山地の山頂付近に依然としてある程度の期間は分布可能かもしれません。こうした個別の事柄を判断できる情報は乏しいことから、各群落に生育するすべての種を対象に、種類の組み合わせとその量を定期

図３．ハイマツ群落

（2012.9.15　小岳山頂付近　遠景は二つ森）

図４．白神岳山頂付近のニッコウキスゲ-トウゲブキ群落

（2011.7.18）

的に調査して監視すること、すなわち種類組成のモニタリングが大変に重要なのです。もちろん、動物の生息状況も知る必要がありますし、気温や積雪といった気象条件の観測も欠かせません。最初にも述べたように、ユネスコは白神山地の価値として冷温帯生態系のモニタリングの場として高く評価していますが、それだけにモニタリングを綿密に行うことが何よりも重要なのです。

温暖化がもたらすであろうさまざまな懸念に加えて、近年になって急速にクローズアップされてきた危惧が、ニホンジカ（以下、シカとする）の再侵入の問題です（第17章参照）。数年前まで、白神山地にはシカは生息していませんでしたが、江戸時代までは狩猟の記録もあって生息していたことがわかっています。明治以降に地域絶滅したものの、近年、岩手県から北上したシカが青森県の東部、おもに三八・上北地区に侵入しだしました。またおそらくは秋田県の日本海側から北上したものと思われますが、白神山地の西縁部の海岸付近でもシカが確認されています。2009年ごろまでは太平洋側にほぼ限られていましたが、2010年からは県の西部でも姿が確認されるようになり、2013年にはついに、白神山地のすぐ近所の岩木山麓に設置した自動カメラでシカが撮影されました。現在では世界遺産地域の周辺で多数確認されています。

シカは日本各地で1970年代から急増し、農林業被害が増大するとともに自然の生態系にも大きな影響が顕在化しています[6~8]。一地域でシカが急増すると森林では林冠木の樹皮がはがされたり、後継樹が食べつくされたり、林床植生もシカが好まない種以外は食べつくされるようになります（図5）。草原でもシカが好まない種以外は急激に減少します。しかもこうした変化は早い場合には数年で急激に起こるので、被害が出だしたなと気付いたところにはすでに手遅れとなる例が日本各地で発生しています。

これまでは、積雪地では冬季の積雪がシカの分布制限要因となっており、一般に多雪である日本海側にはシカは侵入できないだろうと考えられていました。しかし、歴史的な資料からは日本海側にもシカがたくさん生息していたことは明らかですし、著者が関わってきた北海道の事例を含めた近年の各地の再侵入状況からも、日本海側の積雪地にもシカが侵入可能なことは明らかです。まして、近年の温暖化による積雪深の減少のために、シカの再侵入はこれまで以上に容易になっている可能性が高いのです。

もし、白神山地にもシカが侵入し、世

図5．知床岬付近の針広混交林におけるシカによる採食状況
（2003.5.27）

樹皮が剥がされている様子，高さ約2.5m未満の枝葉がほぼ採食されつくしていること，林床は不食草であるミミコウモリが優占している様子などがわかる．

界遺産地域の植生にも著しい影響が出たとしたら、すでに述べたような温暖化モニタリングの場としての白神山地世界自然遺産の価値が発揮できないことになります。もちろん、白神山地がかけがえのない自然である理由は、世界遺産であるだけではなく、地元をはじめとした人々との関わりも重要であることは言うまでもありません。しかし、シカが急増すれば、白神山地でこれまで培われてきたブナ林生態系と人との関わりにも大きな影響が出る可能性があるのです。

こうした事態を避けるためには、シカの分布状況を綿密に監視するとともに、増加の兆候をとらえた場合には迅速に対応することが不可欠です。国や県の行政機関、地元自治体と住民が一体となって課題

の解決に取り組む必要がありますが、そのためにも、白神山地の自然の現状を正しく理解することが何より重要なのです。

## 参考文献

1）白神山地世界遺産センター（http://tohoku.env.go.jp/nature/shirakami/introduction/value/ 2020 年 11 月 15 日アクセス）

2）Menzel, A. & Dose, V., 2005. Analysis of long-term time-series of beginning of flowering by Bayesian function estimation. *Meteorologische Zeitschrift* 14: 429-434.

3）松井哲哉・田中信行・八木橋勉, 2007. 世界遺産白神山地ブナ林の気候温暖化に伴う分布適地の変化予測. 日林誌 89: 7-13.

4）岡田あゆみ・宮澤直樹・進藤順治, 2010. 青森県におけるシカの出没について. 日本鹿研究 1: 9-12.

5）青森県, 2012. 第二回　青森県生物多様性地域戦略検討委員会資料.

6）梶 光一・宮木雅美・宇野裕之（編著）, 2006. エゾシカの保全と管理. 北海道大学出版会, 札幌.

7）湯本貴和・松田裕之（編）, 2006. 世界遺産をシカが喰う　シカと森の生態学. 文一総合出版, 東京.

8）依光良三, 2011. シカと日本の森林. 築地書館, 東京.

# ２．白神山地の大地の生い立ち

理工学研究科　地球環境防災学科

# 根　本　直　樹

## １．はじめに

　地層を構成する岩石の種類は、その地層が堆積した環境などの形成条件によって異なります。たとえば、陸の近くには、陸上を河川によって運ばれて来た土砂が堆積しますが、その中で比較的細粒な堆積物である泥は波によって舞い上がって徐々に沖へと流されていきます。そして、比較的粗い堆積物である砂が残ります。そのため、陸の近くに堆積した地層は砂が固まってできる岩石である砂岩から主に構成されます。それに対して陸から離れた外洋の海底には通常は泥しかたどり着けないため、そこでは泥が固まってできる岩石である泥岩が主に形成されます（図１）。さらに陸から遠い遠洋では、泥すらもたどり着くことが稀ですが、何も堆積しないというわけではありません。主に、海洋の表層に生息するプランクトンの殻や骨格が沈降して堆積します。これらの殻や骨格は炭酸塩（$CaCO_3$）や珪酸（$SiO_2$）でできていることが多く、炭酸塩の殻や骨格が多く堆積する海底では石灰岩が形成されます。また、深海では炭酸塩が溶けてしまうことがあり、そのような深海底では珪酸を主成分とする岩石であるチャートが形成されます。したがって、地層を構成する岩石の種類から、過去の環境（＝古環境）を推定することができます。さらに、地層の堆積構造（縞模様など）や地層に含まれる化石を調べることにより、古環境はより詳細に復元できます。

　ところで、地層は古いものから新しいものへと順に重なっています。これを「地層累重の法則」と言います。この法則にもとづけば、ある地域において古環境の記録媒体である地層を下位から上位へ順番に調べることにより、その地域の古環境がどのように移り変わってきたのかを知ることができます。白神山地は、日本海側の地域の中では隆起速度（地面が盛り上がる速度）が大きな地域とされています。そのため、様々な地質年代の地層や岩石を観察することができ、その大地の成り立ちを考える上で適した場所です。この章では、白神山地とその周辺に分布する地層や岩石から、白神山地を含む地域が地質時代にどのような環境を経てきたのか考えてみましょう。

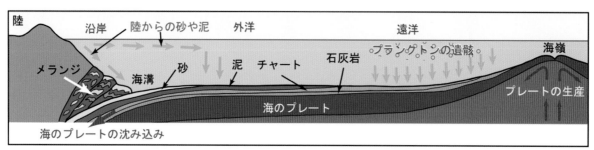

図１．陸からの距離による堆積物の変化と海のプレートの移動によるメランジの形成
海底の堆積物は，陸から離れるにつれて砂，泥，生物の遺骸へと変化します．

## ２．白神山地最古の地層

　白神山地周辺で最も古いとされている地層は、中生代のジュラ紀（約２億130万年前〜１億4,500万年前）と呼ばれる地質年代のものです。ジュラ紀という地質年代の名称は，かつて「ジュラシック・パーク」という恐竜がたくさん出てくる映画があったので、他の地質年代に比べると馴染み深いかも知れません。さて、当時の白神山地にあたる地域では、恐竜が闊歩していたのでしょうか？白神山地のこ

図2．メランジを構成するスレート（左：青森県弘前市一野渡）とチャート（右：青森県南津軽郡大鰐町）

の時代の地層は、チャートや砂岩の様々な大きさの岩塊の間をスレート（粘板岩）という岩石が埋める構成になっています（図2）。このような構成の岩石はメランジ（混在岩）と呼ばれ、以下のようにして形成されたと考えられています。

　固体地球の表面は、プレートと呼ばれる厚さ100〜200 kmの岩盤で覆われています。深海底を構成しているプレート（海のプレート）は海底の大山脈である海嶺での火山活動によってつくられ、その後横に移動して海嶺から遠ざかり、最後には海底の深い溝である海溝で他のプレートの下に沈み込みます。海のプレートは、移動する過程で様々な堆積物に覆われていきます。遠洋ではプランクトンの遺骸、陸に近づくと泥、そして最後は陸から流れてくる砂です。海のプレートが他のプレートの下に沈み込む時、これらの堆積岩も一緒に沈み込みますが、一部が引き離されて沈み込まれる方のプレートの端にくっつきます（図1）。この時に大きな力がかかると、チャートや砂岩は引きちぎられて様々な大きさの岩塊になり、一方泥岩はペラペラと剥がれやすい性質を帯びてスレートとなります。白神山地周辺に分布しているメランジの中のスレートからは、放散虫というプランクトンの化石を当時弘前大学にいた研究者が2009年に報告しました[3]。その放散虫の種類からこのスレートはジュラ紀のものであることがわかり、白神山地最古の地層はジュラ紀に海溝でつくられたと考えられます。最初の問いに戻りますが、恐竜は陸上に生息していた動物で、深い海では生存できません。したがって、当時の白神山地にあたる地域には、恐竜はいなかったと結論されます。

　白神山地周辺で次に古い岩石は、約9,800万年前〜7,200万年前の花崗岩類（図3）です。岩石が地下深くで融けたものをマグマと言います。花崗岩類はマグマが陸地の地下の深いところでゆっくりと冷え固まってできます。つまり、白神山地周辺の花崗岩類は、白亜紀という地質年代（約1億4,500万年前〜6,600万年前）の後半に陸域の地下深くで形成されたのです。白神山地にあたる地域はこの時期、大陸の一部であったことがわかっており、花崗岩類が形成されていた場所の数十km上方の地表では、

図3．青森県深浦町南部中ノ澗崎付近に露出する花崗岩類（左）とその拡大写真（右）
　右の写真から，この岩石が比較的大きな鉱物で構成されていることがわかります．

恐竜が闊歩していたかも知れません。

　ところで、岩石が地下の浅いところで力を受けて変形すると割れて断層ができます。しかし、圧力が高い地下十数〜数十kmの深さで変形するとマイロナイトという岩石になります。白神山地周辺の花崗岩類の一部はマイロナイトになっており（図4）、それからは4,300万年前という年代値が得られています。したがって、白神山地周辺の花崗岩類はこの年代（古第三紀）までは大陸の地下深くにあったことがわかります。

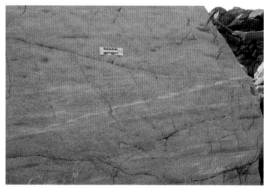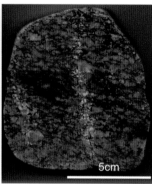

図4．青森県深浦町大間越に露出するマイロナイト化した花崗岩類の産状（左）とその研磨（岩石を切ってその断面を磨いた）標本の拡大写真（右）
　　鉱物によって変形の仕方が異なるので，ピンク色のカリ長石は大粒のまま残っています（右）.

## 3．日本海の誕生

　白神山地周辺に分布する前期中新世と呼ばれる地質年代（約2,300万年前〜1,600万年前）の地層は、主に火山噴出物からできています（図5）。火山灰は代表的な火山噴出物ですが、火山灰が固まって岩石になると凝灰岩（タフ＝tuff）と呼ばれます。この時代の凝灰岩類は緑色を帯びているので、グリーンタフ（緑色凝灰岩類）と呼ばれます。グリーンタフは白神山地周辺だけではなく、北海道から中国地方にかけての日本海側に広く分布しています。火山噴出物が広い範囲に厚く分布していることから、この時代に大規模な火山活動があったことがわかります。この火山活動により日本列島は大陸から離れ、日本海が誕生したと考えられています。日本列島はかつて大陸の一部でしたが（図6左）、約1,500万年前までにはほぼ現在の位置に到達したと考えられています（図6右）。その際、現在の東北日本にあたる地域は南に移動し、西南日本は時計廻りに回転しました。西南日本の北方にあった陸地は引き延ばされて海面下に水没し、相対的に浅く起伏に富んだ現在の日本海南部となりました。一方、東北日本の西方では海のプレートが生産され、深く平坦な日本海北部（日本海盆）となりました。なお、白神山地周辺に分布する前期中新世の地層の最下部からは冷涼な気候を示す植物化石が、それより上位の地層からは温暖な気候を示す植物化石が、それぞれ報告されています。この地域は、前期中新世の初頭には冷

図5．日本海が誕生した時期の火山噴出物
　　左は青森県深浦町の千畳敷で見られる緑色を帯びた火山礫凝灰岩．暗い色の粒が火山礫で，淡い色の粒が軽石．中央の黒い部分は炭化した木片で，その上に載っている円形の物は，スケールの500円玉．右は青森県西目屋村の暗門滝（第三の滝）を構成する安山岩溶岩．落差は26 m.

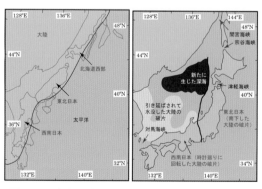

図6．日本海の拡大過程
　　約2,500万年前には大陸の一部であった日本列島（左）は，1,500万年前にはほぼ現在の位置まで移動しました．右は現在の日本列島.

涼な気候であったものの、その後温暖な気候になったと考えられます。

　グリーンタフの上位には、主に砂岩からなる地層が重なります。この地層には大型有孔虫の化石や厚い殻をもったカキの化石などが含まれていることがあります（図7）。これらの古生物は熱帯〜亜熱帯の浅い海に生息していたことがわかっていますので、1,500万年前頃の白神山地周辺は暖かく浅い海であったと考えられます。青森県深浦町のこの時代の地層には、エイが食事をした痕の化石が見られ、またウミガメの化石も産出しました。ちなみに、そのウミガメの化石の複製は、弘前大学資料館に展示してあります。

　ところで、この時期の本州以南の地域は、白神山地周辺と同様に非常に温暖であったことがわかっています。たとえば岩手県北部の二戸地域では、熱帯〜亜熱帯の塩性湿地に生育するマングローブ植物の花粉の化石が報告されています。これは、この時期が世界的に温暖であった上に、生まれたての日本海に暖流（原始黒潮）の大部分が流れ込んだためと考えられています。

## 4．日本海の古環境

　白神山地周辺では、約1,400万年前〜約500万年前の地層は、主に層理（縞模様）が発達した泥岩からできています（図8左）。泥岩という岩石からは、陸から遠い外洋の海底が推定されます。層理は、例えば堆積する粒子の大きさが繰り返し変化することで生じます。しかし、海底に生息している動物が食物を採ったり巣穴をつくったりするために海底を掘って堆積物を撹拌すると、層理は消滅してしまいます。地層に層理が発達しているということは、その地層が堆積した当時の海底にそのような動物があまりいなかったことを示し、その原因としては海底付近の海水中の酸素が乏しかったことが考えられます。酸素が乏しい環境では、鉄は酸素とは結合できずに硫黄と結合して黄鉄鉱という鉱物を形成します。この時代の日本海側地域の泥岩にはしばしば黄鉄鉱が含まれることも（図8右）、当時の海底では酸素が不足していたという考えを裏付けます。

　現在の日本海は特殊な海です。対馬、津軽、宗谷、間宮（タタール）の4海峡で他の海洋と接続していますが（図6右）、それらの海峡は浅く、比較的深い対馬海峡と津軽海峡の鞍部の最深部でもその水深は130mほどです。そのため日本海の表層の海水（表層水）は他の海洋とやり取りがありますが、水深3,000mを超える日本海の深部を満たす海水（深層水）は他の海洋から流れてきた深層水ではなく、冬に日本海北部で表層の海水が冷されて重くなり、沈み込んだものです。海水中の酸素は海中の生

図7．熱帯〜亜熱帯気候を示す大型有孔虫*Operculina*の化石（左：青森県深浦町田野沢）、厚い殻を持つカキ*Crassostrea*の化石（中央：深浦町関）、およびエイの食事痕の化石（右：深浦町田野沢）

　カキの化石の長さは約18cm．ある種のエイは海底に水を吹き付け，驚いて飛び出して来た小動物を食べます．その時に舞い上がった堆積物のうち粗いものはすぐに落下しますが，細かい堆積物は横に流れてしまうので，水を吹き付けられた所だけ周囲より粗くなります．

図8．深海で堆積した層理が発達した泥岩（青森県深浦町行合崎）

　右の写真の赤褐色の部分は，岩石が地表に露出し，黄鉄鉱が酸化してできた酸化鉄．

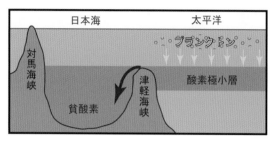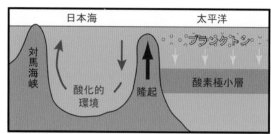

図9．日本海の深海の海水の起源
　　酸素極小層の海水が，津軽海峡を通して太平洋から流れ込んでいましたが（左），津軽海峡が浅くなることにより流れ込まな
くなりました（右）．当時は，対馬海峡は閉じていたと考えられています．

図10．日本海沿岸地域が深海だった頃に噴火した海底火山の噴出物
　　左：安山岩の水底噴出物から構成される乳穂滝（青森県西目屋村大字田代）．冬季には滝が凍結し，その状態によって農作物ので
きを占っていました．中央上：日本キャニオン（青森県深浦町松神）．軽石凝灰岩の大規模な崖．中央下：かんざし岩（深浦町松神
下浜松）．柱状節理という柱状の割目が発達した流紋岩から構成されています．右：八森椿海岸柱状節理群（秋田県八峰町八森）．安
山岩に柱状節理が発達しており，秋田県の天然記念物に指定されています．

物によって消費されますが，海中の大部分に太陽の光は差し込みませんので，海中では酸素はほとんど
生産されません．海中の酸素は，光が差し込む海のごく表層での光合成で生産されるほかは，表層の海
水が大気から取り込むことによって補充されています．酸素に富む表層の海水が近くから供給される現
在の日本海の深海は，他の海の深海に比べて酸素に富んでいると言えます．

　それでは，過去の日本海はどうだったのでしょうか？日本海が誕生した当時は，対馬海峡を通って深
層水が流れ込んでいたようです．しかし，その後に対馬海峡は浅くなり，約1,400万年前以降には，深
層水は主に津軽海峡を経て太平洋から日本海へ流れ込むようになったと考えられています．ここで言う
津軽海峡とは，日本海北部と太平洋を接続していた海峡です．現在の津軽海峡と同じ位置であったかに
ついては異論もありますが，本章では「津軽海峡」と呼びます．ところで，プランクトンの遺骸などの
海洋表層から沈降する有機物は，沈降しながらバクテリアなどによって分解されます．特にプランクト
ンが多い海域では，それらの有機物の分解が活発に行われる水深（現在の海洋では一般に1,000～2,500
m）で海水中の酸素が分解に消費されるために極端に少なくなります．そのような酸素が欠乏した海水
の層を酸素極小層と言います．中期中新世の後期～後期中新世という地質年代（約1,400万年前～530
万年前）には，津軽海峡の水深がまだ深かったことと，太平洋の酸素極小層の水深がやや浅くなったこ
とのために，太平洋の酸素極小層の海水が津軽海峡を通って流入し，日本海の深海を満たしていました
（図9左）．そのため，当時の日本海の深海底では酸素が欠乏していたと考えられています．

　白神山地にあたる地域がまだ深海であった1,000万年前～660万年前頃には，各地で海底火山の噴火
がありました．その噴出物は変わった形に侵食されることがあるので，今日では奇岩や絶景として見る
ことができます．青森県西目屋村の乳穂滝，深浦町の日本キャニオンやガンガラ穴，秋田県八峰町の八
森椿海岸柱状節理群などがこれにあたります（図10）．機会があったら訪れてみて下さい．

図11. 海底環境の変化を反映する泥岩の変化
（青森県鰺ヶ沢町赤石）

　海底の酸素の増加により，層理が発達した泥岩（下部）から無層理の泥岩（上部）へと変化しています．

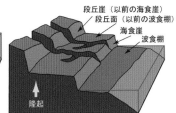

図12. 海成段丘の形成過程

　白神山地周辺に分布するおよそ500万年前以降の地層は、層理（縞模様）のない泥岩からできています（図11の上位の地層）。これは日本列島の隆起に伴って津軽海峡が酸素極小層より浅くなり，太平洋から酸素に乏しい海水が流入しなくなったためです（図9右）。そのため、当時の日本海の海底の泥は、海底に棲む動物により活発に攪拌されるようになり、層理が見られなくなりました。白神山地周辺に分布する泥岩の変化は、このような当時の日本海の海底環境の変化を記録しているのです。

## 5．白神山地の隆起

　およそ350万年前以降、日本列島は急激に隆起します。白神山地はその中でも隆起の速度が比較的速い地域です。陸上では地層が堆積することは滅多になく、むしろそれまであった地層や岩石が侵食されて消えていきます。そのため、この時代以降の地層は白神山地周辺にはほとんど残っておらず、地層から古環境を推定することは困難です。

　磯（岩石海岸）では波によって岩石が侵食され、海岸に崖をつくりながら陸地が後退していきます。この崖を海食崖と言います。この場合、海面下の岩石はほとんど侵食されず、海面直下には比較的平坦な地形が形成されます（図12の左）。この平坦な地形は、主に波の作用でできたなら波食棚、その他の海の作用でできたなら海食台と呼ばれます。ところで、現在では海から蒸発した水蒸気はやがて雨となり、直接または河川を通して海に戻って来るので、海水の体積はそれほど変化しません。したがって、海面の高さは大きく変化しません。ところが、気候が寒冷になると海から蒸発した水は氷河となって陸上に留まることが多くなり、海に戻って来る量が減ります。そのため、海面が現在より数十〜百数十ｍ低かった時期があったことがわかっています。気候が再び温暖になると氷河が融けて海面は元の高さ付近まで戻りますが、以前の温暖な時期に比べて地面が隆起していると、以前の海食崖と波食棚より低いところに新しい海食崖と波食棚が形成されます（図12右）。このようにしてできる海岸に沿った階段状の地形を海成段丘（より詳しくは海成侵食段丘）または海岸段丘と言います。なお、以前の海食崖および波食棚はそれぞれ、段丘崖および段丘面と呼ばれます。白神山地北西の津軽西海岸地域や南西の秋田県八峰町の海岸には数段の海成段丘が発達しており（図13）、この地域が最近でも隆起を続けていることを示しています。また、深浦町の千畳敷（図14）は1793（旧暦1792年）年の西津軽地震に伴って隆起した波食棚であり、この地域の隆起が実感できる場所となっています。

　このようにしてできる海成段丘の段丘面は、形成された時点ではほぼ水平であり、高い段の面ほど古いということになります。青森県の鰺ヶ沢町から深浦町にかけて分布する海成段丘面を見ると、深浦町

の大戸瀬岬より東では北東へ、西では北西に傾いています（図15）。さらに、その傾きは高い段の段丘面ほど急になっています。これは、段丘面を傾斜させるような運動が、段丘面ができた後に起こったこと、さらに、その運動は一度きりではなく、段丘面の形成期間を通して継続的に起こってきたことを示しています。この地域の地質を調べると、大戸瀬岬から南に延びる背斜構造があることがわかります。背斜構造とは、地層が横から押されることにより、上に凸に曲がった構造です。この地域の段丘面の傾きからは、背斜構造をつくった運動が段丘面形成時も続いていたことが読み取れます。

図13. 青森県深浦町柳田付近から見た海成段丘
赤線で示した地形面が段丘面.

図14. 青森県深浦町千畳敷で見られる離水波食棚
藩政時代に千畳の畳を敷いて酒宴を催したとの言い伝えから，千畳敷と呼ばれます.

## ６．地質資源の利用―ジオパーク

　白神山地西方の海岸地帯の南部（秋田県側）は、八峰白神ジオパークに認定されています。ジオパークとは、地形・地質などの地質資源（ジオ）とそれに立脚する生態系や人々の暮らしを、楽しみながら学ぶ公園（パーク）です。地質資源を保存しつつも、それらを教育や観光に利用するという特徴があります。ジオパークの中でも重要なあるいは典型的な地質資源、生態系、人々の暮らしを観察できる場所をジオサイトと言います。八峰白神ジオパークでは、各ジオサイトに解説看板を設置し（図16）、小・中学校の野外学習でジオサイトに訪れるなどして、地質資源を活用しています。秋田県北西部に足を延ばす機会があったら、ジオサイトにも訪れて、実物を見て学習して下さい。

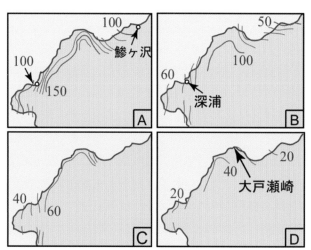
図15. 青森県鰺ヶ沢町西部～深浦町北部にかけてみられる海成段丘面の傾き
　オレンジ色は段丘面の等高線で，単位はm．A，B，C，Dはそれぞれ，約24万年前，12万年前，9万6,000年前，8万2,000年前の段丘面を示しています.

図 16. 柱状節理を解説する八峰白神ジオパークの看板（秋田県八峰町八森）

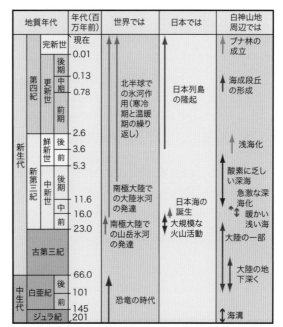

図 17. 白神山地周辺地域の環境変化のまとめ

| 地質年代 | | | 年代(百万年前) | 世界では | 日本では | 白神山地周辺では |
|---|---|---|---|---|---|---|
| 新生代 | 第四紀 | 完新世 | 現在 / 0.01 | 北半球での氷河作用(寒冷期と温暖期の繰り返し) | 日本列島の隆起 | ブナ林の成立 / 海成段丘の形成 |
| | | 更新世 後期 | 0.13 | | | |
| | | 更新世 中期 | 0.78 | | | |
| | | 更新世 前期 | 2.6 | | | 浅海化 |
| | 新第三紀 | 鮮新世 後 | 3.6 | | | 酸素に乏しい深海 |
| | | 鮮新世 前 | 5.3 | 南極大陸での大陸氷河の発達 | 日本海の誕生 | 急激な深海化 / 暖かい浅い海 |
| | | 中新世 後期 | 11.6 | | 大規模な火山活動 | 大陸の一部 |
| | | 中新世 中 | 16.0 | | | |
| | | 中新世 前 | 23.0 | 南極大陸での山岳氷河の発達 | | 大陸の地下深く |
| | 古第三紀 | | 66.0 | | | |
| 中生代 | 白亜紀 | 後 | 101 | 恐竜の時代 | | 海溝 |
| | | 前 | 145 | | | |
| | ジュラ紀 | | 201 | | | |

## 7．おわりに

　前述のように、白神山地は急速な隆起を続けています。そのため、白神山地とその周辺地域には様々な種類あるいは年代の地層が分布しています（図17）。また、急速な隆起は急峻な地形を発達させ、それによって地滑りや崖崩れが生じ、複雑な地形を形成します。そしてそのような地質と地形の組合せにより、多様な土地環境が出現しているのです。この多様な土地環境を含めた白神山地の自然の多様性を保全することが重要なのではないでしょうか。

**参考文献**

1）青森県史編さん自然部会，2001．青森県史 自然編 地学．青森県．
2）根本直樹，2018．津軽西海岸地質散歩．白神研究 13: 5–11．
3）植田勇人・盛美和子・佐藤和泉，2009．青森県弘前市南方の付加体泥岩から産出した前期ジュラ紀放散虫化石．地質学雑誌 115: 610–613．

# 3．白神山地の土壌

農学生命科学部　地域環境工学科　　農学生命科学部　食料資源学科

## 佐々木 長市　　　松山 信彦

## 1．はじめに

　土壌の世界は、多くの生物が生息し小宇宙を形成しています。植物の根の主たる存在範囲は、地表の僅か 40 〜 50cm の薄い範囲にあり、世界の食糧もこの範囲の土の肥沃性に影響されます。従って、土壌侵食などにより、僅かの土の損失は作物の生産性に大きく影響します。土壌は我々の生活を支える母なる大地という所以はこのあたりにあると考えられています。

　白神山地は約 8,000 年前よりブナの林[1]となり、その落葉や共存する動植物が有機物となり、岩石の風化と相まって、土壌化が進んできました。土壌の構成要素である母岩は、堆積岩（凝灰岩、砂岩や泥岩）に由来します。そのため、軟らかく土壌侵食に弱い性質となります。200 万年前より現在まで白神山地は毎年 1mm 強の隆起[1]が継続し、その活動の活発さは他に類をみないことになります。しかし白神山地の標高は最高峰の向白神岳でも 1,243m です。土壌侵食が激しい環境の下に置かれていることを物語っています。このような土壌の理化学性や土壌水（湧水）の水質などの基本的な特性の一端を紹介します。

## 2．土壌の理化学性

### （1）土壌の風化

　土壌の生成は、物理的な作用、化学的な作用そして生物的な要因によりなされます。この相互関係は複雑で、相互に関連性を持っています。岩石が土壌化する過程の第 1 は、気温や乾湿の変化、風雨による物理的な作用、植物根や凍結の圧力などの物理的（機械的ともいう）作用によります。これを物理的風化といいますが、同じ体積のものが細粒となる変化が主で、成分上の変化はないことになります。

　このような細粒化したところに雨が降ると、粒子のすき間は水で満たされ、酸素の供給の有無が生じ、岩石の酸化還元、鉱物の溶解、加水分解などが起こり、化学成分にも変化が生じます。これを化学的風化といいます。石英は、このような風化に強く、かんらん石が最も風化しやすい[2]ものとなります。

　様々な形と大きさをもつ土粒子の集合体に、貧栄養条件下で生育できる地衣類などが生じ、徐々に有機物が蓄積され、やがて高等植物が生育しはじめます。この植物に動物類が集まり、やがて死骸となり、さらなる有機物の供給がなされます。こうして動植物起源の有機物の混在の繰り返しにより生じた自然堆積物、すなわち土壌が生成されます。

　土壌は、土壌生成因子（母岩、生物、気候、地形、時間、人為）の組合せの影響を受けて、土壌中に腐植（土壌有機物全体を指す、暗色を呈する）・塩類の蓄積と分解、物質の移動と集積、酸化と還元などの変化が起こり、その環境に特有の土壌断面を形成します。

### （2）土壌断面

　外観的な性質を異にする土壌の水平的層位（土壌の生成過程によってできた特徴をもつ土壌の層）または層理（堆積の過程で堆積物の内部に生じる成層構造、軽石層など）を示す断面が土壌断面です。これらの調査は、層位およびその厚さ、土性、腐植含有量、泥炭、黒泥、色、ち密度、容積重、湧水面などについて行います[3]。

こうした観点で、白神山地の土壌断面を見てみます。図1に白神山地の土壌断面写真を示しました。普段は、見ることがないと思いますが、土を掘ってみると、上部は黒色を呈していて、その下は黒色が薄く、更に下は褐色になっています。更に下は岩石となっており、掘ることはできなくなります。この場所は、弘前大学白神自然観察園の尾根部（尾根部、北緯：40°35′12.6″、東経：140°28′20.4″、標高：約379m）の土壌断面です。周囲は、ブナやミズナラ、ホオノキ、コシアブラ、ムシカリの木などで囲まれています。また、ヒメアオキ、ツルシキミ、ヒメモチなどの東北地方日本海側のブナ林を特徴づける匍匐低木も見られます。

図1　白神自然観察園土壌断面図

山の土は、一般に黒色の部分の厚さが薄いのが特徴です。また、僅か50cmほどしか土の部分が存在せず、岩石の層が出現します。少し詳しく、土壌の色について解説します。土の色は、世界的に比較できるように標準土色帳[4]という色の基準表を用いて示すことになっています。土壌断面の層位は、表1に示すように3つの大きな区分に分けられます。

0～10cmの部分は腐植が堆積し、また溶脱が起きている土層断面上層でA層（A-horizon）といいます。20～45cmの部分は、A層の下に位置し、一般に集積層となる部分でB層（B-horizon）といいます。10～20cmはA層からB層への漸変するAB層となります。45cm以下は角礫と土壌が混在した層となります。この下には生物学的な土壌生成の影響をほとんど受けていない風化した岩石層（母岩）が存在します。この層をC層（C-horizon）といいます。図1の45cmの部分はBC層と判断されます。土色は、上述の標準土色帳の基準に従うと、上層から黒色（7.5YR1.7/1）、黒褐色（7.5YR3/2）そして褐色（7.5YR6/4）となります。その下には灰オリーブ色の凝灰岩が混在しています。この地表面には、未分解の落葉落枝層（L）から植物の組織が判別できないくらいに分解が進んだ腐植層（H）まで確認されます。これらの層が、昆虫などの越冬や雨滴による土壌侵食に大きな役割をもちます。しかし、土壌層が沖積地の農耕地に比べ極めて薄いのは驚きです。

このような腐植層が薄く、褐色のB層をもつ土層を褐色森林土といい、ブナやミズナラなどの広葉落葉樹林下にできる土壌で広く日本に分布しています[5]。これらの土壌の形成に関与したイネ科植物は枯死した後に土壌中にプラントオパールという物質を残します。この分析をしてみるとブナやミズナラやササなどの植物が関与している履歴が痕跡として認められます[6]。

## （3）物理性

土壌の物理性を表1に示しました。土壌の硬さは、山中式硬度計というバネの伸縮に要する力を測定

表1. 土壌断面記載と物理性

| 層位 | 深さ (cm) | 土色 | 硬度 (mm) | 三相分布(%) 固相 | 液相 | 気相 | 間隙率 (%) | 自然含水比 (%) | 土粒子の比重 | 乾燥密度 (g/cm³) | 粒度組成(%) 砂分 | シルト分 | 粘土分 | 土性 |
|------|-----------|------|-----------|-----------------|------|------|-----------|---------------|-------------|------------------|------------------|---------|--------|------|
| L-F | 0-2 | | | | | | | | | | | | | |
| A | 0-10 | 黒色(7.5YR1.7/1) | 3.8 | 13.8 | 45.0 | 41.2 | 86.2 | 217.5 | 2.42 | 0.319 | 70.0 | 14.0 | 16.0 | SCL |
| AB | 10-20 | 黒褐色(7.5YR3/2) | 15.0 | 23.2 | 49.3 | 27.5 | 76.8 | 88.1 | 2.50 | 0.606 | 43.0 | 37.0 | 20.0 | CL |
| B | 20-45 | 褐色(7.5YR6/4) | 14.3 | 23.2 | 55.0 | 21.8 | 76.8 | 83.0 | 2.51 | 0.623 | 81.0 | 15.0 | 8.0 | SL |

する器具を用いて測定されます。得られた値は、A層は3.8mm、AB層で15.0mm、B層で14.3mmとなりました。この値からは、上層が軟らかく、水や空気の通りがよいこと、踏み固められやすい条件となっていることがわかります。固相（土粒子）、液相（土壌水）、気相（土壌空気）という土壌を構成する三相分布は、固相率が25％未満、液相率が約50％、残りが気相となります。液相と気相を併せた土のすき間（間隙率）は80％前後の値で、極めてすき間が多いことが特徴となります。この値は、火山灰土壌の値に近いと考えられます。土粒子の比重は、2.4〜2.6の範囲で、有機物が多い層ではやや値が低下する傾向と一致しています。乾燥密度は、A層が低く、下層に向かうに従いやや高い値となります。粒径組成は、粘土分が少なく、砂分が多いことが特徴となります。このような粒径組成から、土性（土粒子の粒径割合で土に付けられた分類名）は砂壌土（SL）となります。粘土などの細かい粒子は、侵食されて含有量が少なくなっていると推測されます。

### （4）化学性など

　土壌の化学性を表2に示しました。土壌の腐植含量は、A層で54.2％、AB層で15.7％、B層で7.2％でした。腐植は、ブナの落葉落枝が生物により分解され形成される画分です。腐植含量は、上層のA層で相対的に高い値となり、有機物の分解状態を示すC/N比は、20〜22の範囲で良好な有機物分解環境を示していました。白神山地特有の斜面の崩落や土壌水分環境などの複雑な要因が、有機物の集積に影響していると言えます。土壌pHは、A層で3.8、AB層で4.4、B層で4.9となり、特にA層は極強酸性に区分されるほど低いpHでした。これは、多量に集積した有機物の分解過程から生成した有機酸によると考えられます。土壌が保持している交換性陽イオン含量は、A層で6.74cmol$_c$kg$^{-1}$、AB層で1.02cmol$_c$kg$^{-1}$、B層で0.47cmol$_c$kg$^{-1}$でした。土壌の交換性塩基含量は、土壌の母材、落葉落枝の年間還元量および森林環境に影響され、土壌中のミネラルバランスがとられています[7]。

　土壌微生物相を見てみると、A層から下層へ向かうにしたがい、細菌数も糸状菌数も相対的に減少していました。この傾向は、有機含量の土壌断面内分布パターンと一致しており、有機物と微生物活性の関連性を示しています。また人工的な培養結果からは、細菌では放線菌が、糸状菌では *Trichoderma* 様糸状菌および接合菌が主として観察されましたが、自然環境に生息する微生物の多様性は計り知れないほど大きくなります[6]。

表2．土壌の化学性

| 層位 | 深さ<br>(cm) | pH(H$_2$O) | 腐植含量<br>(%) | C/N比 | Ex.Ca | Ex.Mg | Ex.K | Ex.Na | 交換性陽<br>イオン含量 |
|---|---|---|---|---|---|---|---|---|---|
|  |  |  |  |  | ------------------ | (cmol$_c$kg$^{-1}$) | ------------------ |  |  |
| A | 0-10 | 3.8 | 54.2 | 22 | 2.36 | 3.05 | 1.04 | 0.29 | 6.74 |
| AB | 10-20 | 4.4 | 15.7 | 22 | 0.11 | 0.45 | 0.28 | 0.18 | 1.02 |
| B | 20-45 | 4.9 | 7.2 | 20 | 0.06 | 0.05 | 0.23 | 0.13 | 0.47 |

### ３．土壌水（湧水）など

　白神山地の土壌水、特に湧水がどのようになっているのか、あるいは土壌に供給される雨の量や水質がどのようになっているのか基本的な性質の一部の分析結果を見てみます。

　湧水の水温は、白神山地周辺で10カ所ほど調査（5月から11月）しましたが、ほとんどの場所で10℃以下となり、かつ透視度も50cm以上となっていました。水温の特性は、ワサビなどの23℃以下の水温下で生育する作物には好適な条件となります。

表３．ミニ白神地区林内雨量（2008年5月ー10月）

| 観測場所＼観測月 | 5月 | 6月 | 7月 | 8月 | 9月 | 10月 | 合計雨量(mm) |
|---|---|---|---|---|---|---|---|
| 芝生 | 75.9 * | 41.0 * | 151.2 * | 221.9 * | 82.9 * | 130.2 * | 703.1 * |
| 林内（樹間） | 81.3 | 90.0 | 88.0 | 94.0 | 79.9 | 72.7 | 85.5 |
| 倒木跡 | 89.9 | 95.4 | 101.9 | 98.9 | 86.0 | 89.9 | 94.8 |
| 尾根（樹間、高位部） | 47.4 | 33.2 | 49.3 | 53.3 | 42.3 | 47.4 | 48.2 |
| 尾根（樹間、中位部） | 63.4 | 67.6 | 85.6 | 90.1 | 58.0 | 71.7 | 77.7 |
| 尾根（樹間、低位部） | 76.8 | 92.0 | 81.6 | 80.4 | 72.4 | 75.7 | 79.1 |
| 谷部（樹間） | 54.0 | 69.8 | 76.8 | 83.0 | 74.8 | 50.5 | 70.7 |
| 滑落崖直下 | 68.4 | 82.9 | 77.7 | 79.5 | 69.0 | 71.7 | 75.4 |

＊：降雨量（単位：mm）
　林内から滑落崖直下の数値は、各月の芝生降雨量に対する％で示した。

## （1）雨水

　白神山地の雨は、場所によりどのようになっているのか、その実態を調べてみます。その結果を表3[6]に示しました。調査地は、鰺ヶ沢町深谷にある「ミニ白神（現在の“白神の森遊山道”. 以下、ミニ白神地区とする）」（約52ha）です。江戸時代より水源涵養林として管理がなされているブナ林で200年前後の樹齢のブナが多数あります。この地区で月ごとの降雨量や場所による変化を調べたものです。

　地表を遮るものがない芝生では、5～10月の6カ月間の雨量は、合計で700mm（水深で表示）となります。しかし、月ごとの雨量は変動があり、約5倍の雨量の差が確認されます。因みに、6～10月の合計雨量は、2008年で627.2mm、2007年、2006年で606.4mm、599.3mmと極めて安定していることがわかります。しかし、9月の雨量を比べてみるならば82.9～218.7mmと倍以上の違いとなります。こうした違いは、山の幸であるキノコなどの生育や収量に大きく影響します。同じ地区でも微地形の変化により雨量も変動し、芝生の値に比べ木の葉の遮蔽効果などの影響で地上に達する雨量は場所により、40％近くまで減少し、これが一因となり、植生、昆虫、土壌動物などの多様性を生み出していると推測されます。さらに、水分の多寡は、地温や土壌空気組成への影響も引き起こします。葉により遮られた降雨は、樹幹流となり、地上に達します。この水が地下に浸透し、やがて湧水や河川や海へ流出します。

　樹幹流は、降雨時に見られる特徴的な降雨の集中流下です。木の種類によりその見られかたは、特徴的です。しかし、ブナはロート型の樹形で、特に樹幹流が顕著に見られ、その通過した場所は黒色を呈し、独特の模様となり観察されます。

## （2）湧水

　2008年5月から10月までの湧水の水質分析をした結果を図2[6]に示しました。測定場所は、ミニ白神地区（北緯：40°40′17″、東経：140°12′04″、標高約311m）、八峰地区（北緯：40°25′09″、東経：139°57′07″、標高約48m）、白神岳地区上位部（北緯：40°04′04″、東経：140°11′03″、標高約588m）、白神地区中位部と下位部は極めて近く経緯度に差は認められず、北緯：40°04′04″、東経：140°11′02″、標高約485mおよび約445mです。これらの湧水の鉄(Fe)、カリウム(K)、カルシウム(Ca)およびマグネシウム(Mg)のミネラル分を中心に測定しました。湧水の透明度を示す透視度は、各測定地点ともいずれの時期でも50cm以上でした。採水時の水温は、ミニ白神地区で7℃台、白神地区上位部および中位部で7～9℃、同地区下位部で8～11℃となりました。八峰地区では8～11℃となりました。ミニ白神地区で冬季も測定しましたがほぼ7℃でありました。湧水の水温は、周年ほぼ一定であると推察されます。

　湧水中のFe濃度は、各地区ともほぼ0mg/L、Na濃度が最も高くなり、20mg/L前後で5測定成分中最も高くなりました。海からの影響によると推測されます。Naの次に高い濃度は、八峰地区ではCa＞Mg＞K、ミニ白神地区ではK＞Ca＞Mg、白神岳の3地区ではK＞Mg＞Caとなりました。ミニ白神地区では、継続観測をしていますが3年間ほぼ類似した値となりました。これの値に影響する降雨の水

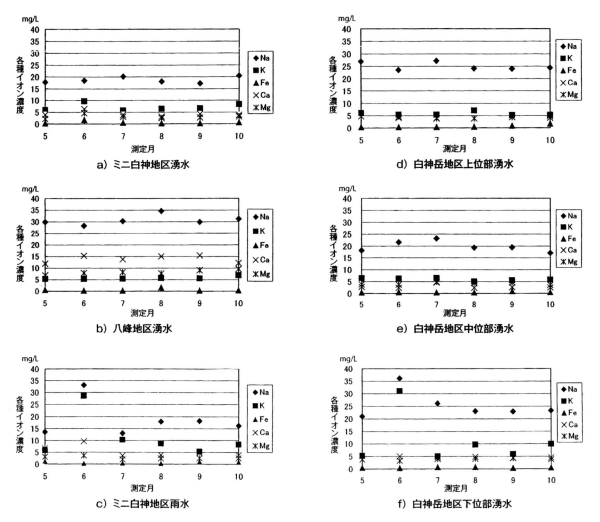

図2．湧水および雨水の水質[6]

質をミニ白神地区で測定しました。Fe濃度はほぼ0に近く、Na濃度は、湧水濃度に近く、K濃度は湧水濃度よりやや低く、CaおよびMg濃度は湧水とほとんど変動のない値と推察されました。土壌が砂礫質であり、イオン吸着能力が低いことによると考えられます。

## 4．おわりに

　白神山地の土壌は、腐植層が薄くかつ土層の厚さも薄く、マスコミで言われているような豊穣な土というのには、少し違和感のある状態として認識されます。褐色森林土は、日本の森林土壌を代表する土であり、このような下地がありブナ林が数千年にわたり繰り返し生態系の中心をなしてきたものと推察されます。また、粘土分が少ないことや冷温帯という気象環境は、湧水の水質や水温に大きな影響を与えていると判断されます。降雨や湧水の養分は、無肥料でも稲作などへ収穫をもたらす一因と推察されます。

　土壌には、セミやネズミなど多くの生物が生息し、小宇宙を形成していますが、この活動が土壌の物理性などにおよぼす影響の解明などは、今後に残された興味深い課題です。

### 参考文献

１）青森県自然保護課（編集），2004．白神山地の自然．青森県．pp. 9–18.

２）赤井浩一（監修），2003．土質力学入門．実教出版，東京．pp. 6–12.

3）農業土木学会（編集），2003．農業土木標準用語事典．農業土木学会．

4）農林水産技術会議事務局（監修），2003．標準土色帖．日本色研事業株式会社．pp. 1-14.

5）松田敬一郎（代表著者），1997．土壌学．文永堂出版，東京．pp. 13-16.

6）佐々木長市・松山信彦・佐瀬隆・殿内暁夫・Paul, S. K.，松岡嗣彦・加藤幸・野田香織，2009．白神山地の土壌に関する研究（6）．白神研究 **6**：26-34.

7）堤　利夫，1987．森林の物質循環．東京大学出版会，東京．pp. 72-88.

# 4．白神山地における地すべりの変動履歴

農学生命科学部　地域環境工学科

**鄒　青穎**（ゾウ チンイン）

## 1．はじめに

　世界自然遺産の区域をはじめ白神山地では、新第三紀中新世以降の堆積軟岩が優勢で第四紀の活発な隆起を受け急峻な地形をなすため、東北日本で有数の地すべり密集地域になっています（図1）。地すべりには、これまで地すべり履歴のない山体斜面で発生する、いわゆる初期的な地すべりと、過去の地すべりが繰り返し移動する再活動地すべりがあります。地すべり発生場所を把握、その変遷過程を復元や計測し、地すべりの発生時期・頻度を見積もることは、防災や森林環境保全上重要です。

　この章では、冷温帯落葉広葉樹の二次林に覆われた低山域の中で、白神山地の青森県側、西津軽郡深浦町岩崎（旧岩崎村）に位置する津軽十二湖地すべり地と中津軽郡西目屋村にある岩木川上流部の大川流域に位置する地すべり地における研究例を紹介します（図1）。

## 2．白神山地の地すべり変動履歴の解明

### （1）歴史地震による地すべりとその発生時期の検証

　図2aの白神山地の最西端にある津軽十二湖地すべり地は、規模としては国内有数であるとともに歴史的地すべりと位置付けられます[1, 2]。この地域には、観光スポットの名所「青池」をはじめとする

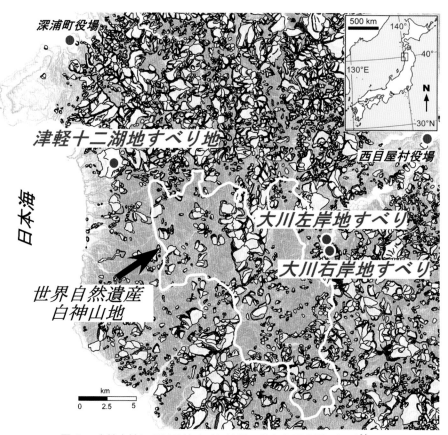

図1．白神山地における地すべり地形の分布と研究例の場所[1]

大小 33 箇所の湖沼（図 2 a、b）があり、ブナ、サワグルミ、ヒノキアスナロなど多様な森林植生が存在します[3]。また、地すべりの西縁から流出する濁川による侵食で形成された日本キャニオンと呼ばれる屏風状の急崖も存在します（図 2 c）。これらの自然景観は多くの来訪者（2018 年の来訪者数は約 27 万人）[4]を魅了する観光資源となり、津軽国定公園「十二湖」として親しまれています。

　津軽十二湖地すべり地の形成は、宝永元年 4 月 24 日（1704 年 5 月 27 日）に青森県・秋田県の日本海沿岸地域で発生した宝永岩舘地震による崩山（940m）の西側斜面の大規模な山体崩壊（図 2 a）と関連しているとされます[2、5〜8]。その根拠となる史料は弘前市立弘前図書館蔵「弘前藩庁日記（御国日記)」であり、具体的には同史料の宝永元年五月七日条で被害項目を書き上げた中に、「松神村之内、一、黒森嵩八分より下、長弐里程之内、小峰川之上江崩落申候」との記述があります。黒森嵩は黒森山ともいい、現名は崩山であります。この記述によると、崩山はこの地震で長さ二里（約 8 km）にわたって小峰川へ崩れ落ちたとあり、崩山の山体崩壊を指すと考えられました[5]。また、崩山から押し寄せた崩積土によって、川が閉塞され堰き止め湖が形成されたことも記録されています。すなわち、湖沼群の形成は、地すべりの発生と強い関わりを持っていることが指摘されます[2、5]。しかし、1704 年の宝永岩舘地震による地すべり説の妥当性を確かめる必要があります。このため、地すべりによってもたらされたと考えられる崩積土中の埋木や湖中の立木（水没林）の年代を、放射性炭素（$^{14}$C）年代測定により特定し、前述の史料と対比する方法で検討しました[9]。試料は、青池の湖岸にある崩積土と王池の湖

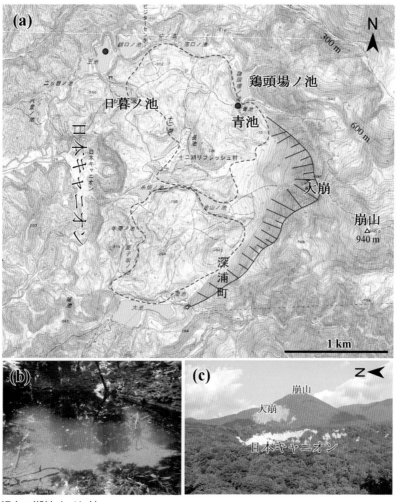

**図 2．津軽十二湖地すべり地**

　　（a）1704 年に崩れた津軽十二湖地すべり地[8]、その周辺地域の地形（国土地理院 2.5 万分 1 画像地形図に加筆）
　　および放射性炭素（$^{14}$C）年代測定試料の分布（赤い丸）[9]（b）青池（c）崩山と日本キャニオンの遠望

中枯死木中の埋木です（図2a）。青池の湖岸にある崩積土の埋木の$^{14}$C年代は1693～1724 A.D.であり、王池の湖中枯死木中の埋木の$^{14}$C年代は1667～1969 A.D.でした[9]。これらの値から同地点が1704年の宝永岩舘地震に対応する可能性が充分に考えられます。同地震による地すべりで現在の十二湖の地形が形成されたとしています[9]。

## （2）樹木年輪年代学（Dendrochronology）的手法による地すべり変動履歴の検討

　樹木年輪年代学的手法による地すべり変動履歴の検討では、樹木の年輪が形成された樹木年輪のパターンを分析することによって、森林の攪乱現象の一つである地すべり変動履歴を解析する方法です。図3に大川左岸にある複数ブロックから構成される地すべり地と2018年調査の供試木の一例を示します。地すべり移動体の末端部が河川の侵食を受けやすい位置にあり、地すべり地形の再活動しやすい場所になっています。供試木は滑落崖に分布する樹幹傾斜を示すブナなどの樹木個体としました。一方、地すべりなどで生じたギャップでは強光下により陽樹が侵入・定着する特徴がある[10]ため、ヤマハンノキやサワグルミなどの陽樹も候補に選びました。年輪コアの採取は成長錐（直径5mm）を用いて行いました。さらに、ズーム式実体顕微鏡と微動ステージで100分の1mmの精度で年輪幅を測定し、樹齢を推定しました。樹木の年齢形成に影響を与える要因としては、老化、気候、虫害、生育立地の攪乱などがあります[11]。そこで、それらの要因のうち、地すべりによる攪乱の要因が示す年輪幅変動の時系列から急激な年輪幅の変化（急激な増加や減少）[12]を示す年代を抽出するために、年輪幅の実測値を解析します。

　図4に、地すべりの影響を受けた年輪幅変化の時系列の代表例を示します。年輪幅の解析結果[13,14]

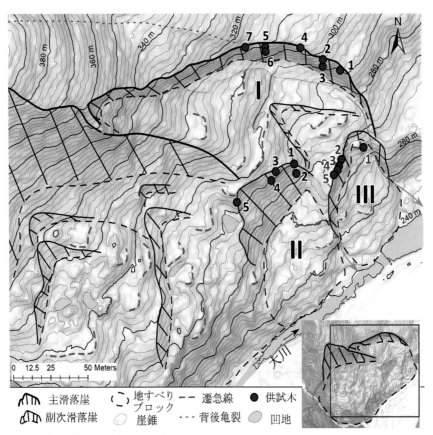

図3．大川左岸地すべり地形と供試木の分布

基図：斜度図と等高線は国土地理院による2008年の1mメッシュ高精度標高データ（LiDAR DEM）より作成[13,14]．

から、急激な年輪幅の変化がみられる期間を図に矢印で明示しました。Ⅰブロックにおいて、コアⅠ-1と I-4は、1950年頃に急激な年輪幅の増加がみられ、地すべりの発生時期を示す可能性があります。また、 I-1は、1975〜1977年頃の急激な年輪幅の減少があり、滑落崖の側壁での滑落時期を示します。そして、 I-3のヤマハンノキの樹齢分析によって、陽樹は側壁での滑落発生後に侵入し、定着している可能性が あることが分かりました。さらに、I-3とI-4は、1990〜1992年頃に急激な年輪幅の減少もみられ、側 壁上部の崩落がこの付近で起こった可能性があります（図4 a）。Ⅱブロックにおいて、1990年頃に滑 落崖に位置するⅡ-1とⅡ-5が急激な年輪幅の減少を表し（図4 b）、また、Ⅲブロックでは、Ⅲ-4と

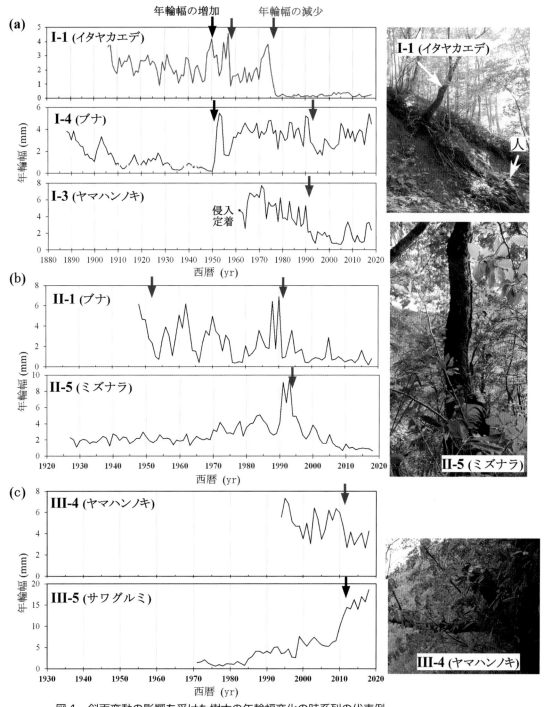

図４．斜面変動の影響を受けた樹木の年輪幅変化の時系列の代表例
（a）Ⅰブロック（b）Ⅱブロック（c）Ⅲブロックにおける年輪幅の解析結果 [13, 14].

III-5 は 2009 ～ 2011 年頃の急激な年輪幅の減少・増大を表します（図4c）。このように変動の同時性がみられることからもブロック頭部からのすべりを示し、地すべりによる攪乱があった可能性が示唆されます。以上は一例に過ぎませんが、年輪情報時系列による各時期に発生した地すべりに伴う攪乱の規模・発生位置を復元する可能性が示唆されます。

### （3）動く地すべりとその計測

　図5（a）の大川右岸にある地すべり地では、目撃者の証言によれば、2004 年に河岸段丘崖の上部に亀裂が発生し、翌年には亀裂の幅が1mに拡大しました。そして、2006 年に地すべりが発生し、残りの土塊は斜面中間に植生を乗せたまま停止し、その移動量は約20m程度と推定されました[15]。図6は、2008 年 10 月～ 2017 年 11 月の地すべり地形縦断面変化を示したものです[15〜18]。縦断面の変化についてみると、この土塊は9年間にかけて約7mの水平距離移動し、地すべりが進行している現象を捉えています。また、河川と接触する地すべり末端部では、9年間に約5mの水平距離後退し、河川侵食によるものと考えられます。この結果から、地すべりの活動は継続性があることを示唆されます。今後の地すべり拳動や危険度を判断するには、変動の計測や形態変化などのモニタリングが重要になります。

　地すべり変動を計測する際には様々な方法が存在しますが、白神山地は自然環境保全地域であり、樹木の伐採や地盤の調査には大きな制約がある地域となっています。自然環境保全の制約を受けずに地すべりの変動を詳細に計測することが可能になる全世界測位システム（Global Navigation Satellite System: GNSS）を用いた地すべりの時系列歪量を計測する方法があります。GNSS は、GPS（米国）、GLONASS（ロシア）、Galileo（ヨーロッパ連合）、BeiDou（中国）、QZSS（日本）等の衛星測位システムの総称を示します。GNSS を用いた測位方式には、大きく分けると「単独測位」と「相対測位」の2種類の方式があります。「単独測位」では、三角測量の原理で観測点の位置を求めます。一方で、「相

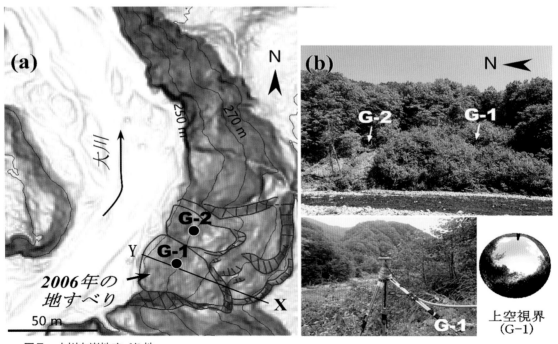

**図5．大川右岸地すべり地**

　（a）調査地における地すべり地形（赤い線）とGNSS観測機器（計測点G-1とG-2）の設置場所（基図：斜度図と等高線は国土地理院による 2008 年の1mメッシュ高精度標高データ（LiDAR DEM）より作成）（b）GNSS観測機器（計測点G-1とG-2）の設置状況.

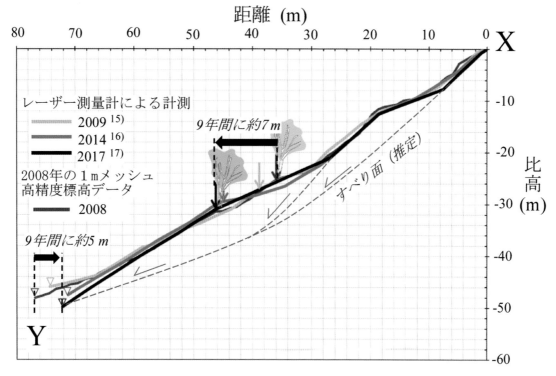

図6．図5（a）の縦断面線（X-Y）のに沿った測量結果 [18]

対測位」では、複数の観測点（1点は基準点）を同時に観測して位置を求めます。地すべり監視や地盤変位計測などでは「相対測位」の中にある「static方式」が使用されることが多く、5~10mm程度の比較的高精度な測定が可能です [19]。したがって、数cmオーダーの変位量を検出するのに非常に適しています。また、データの連続性や無人での観測が可能な点から、地すべり変位観測に適していると考えられます。大川右岸にある地すべり地では、2019年9月から計測点と基準点を含め計4機のGNSS観測機器を設置（図5）し、地すべりの時系列的歪量を計測しています。今後計測データを積み重ねることによって、白神山地のような世界自然遺産で自然環境保全と防災対策の施策の必要な知見を提供できると考えています。

## 3．まとめ

　地すべりは、世界自然遺産白神山地の地形発達をつかさどる主な地表プロセスの一つです。地すべりの発生は地形・地質などの素因と、異常気象や地震動などの誘因により発生することが多いです。そのうちの誘因について、過去に生じた地すべりの発生は14C年代測定や樹木年輪年代学的手法により復元し、その年代値を歴史記録と対比したり、気候変動と結びつけたりして論じることができます。そして、GNSSを利用した高精度の時系列的歪量の計測により、斜面動態モニタリングに基づく斜面変動の予測に役立てることが期待できます。地すべり変動履歴の解明や計測結果は将来発生が予想される巨大地震や異常気象に対応して、どのような地すべりが起こりうるのかという白神山地の自然環境変化の予測や保全管理に重要な情報を提供します。

　本研究成果の一部はJSPS科研費 16K20893、19K15257 および令和元年度弘前大学機関研究「アジア降水データ APHRODITE の改良更新と降雪過程理解への応用」の助成を受けて行ったものです。本調査にご協力を頂いた国土地理院、津軽森林管理署、国土交通省東北地方整備局、深浦町、西目屋村、株

式会社興和、国際航業株式会社、弘前大学農学生命科学部地域環境工学科山間地環境計画学研究室学生諸氏に感謝致します。

## 参考文献

1）清水文健・大八木規夫・井口隆，1985．地すべり地形分布図　深浦．防災科学技術資料 No. 96，国立防災科学技術センター．

2）古谷尊彦・町田洋・水野裕，1987．津軽十二湖を形成した大崩壊について．昭和61年度文部科学省自然災害特別研究（1）．崩災の規模，様式，発生頻度とそれに関わる山体地下水の動態（新藤静夫編）．千葉大学理学部．pp. 183–188.

3）高谷秦三郎・斎藤信夫・小林範士・柿崎敬一・太田正文，1996．植物．in 青森県立郷土館．白神山地の自然―笹内川・十二湖周辺―．青森県立郷土館調査報告 第37集，自然 **4**: 14–41.

4）青森県観光国際戦略局，2018．平成30年青森県観光入込客統計．青森県観光国際戦略局．

5）今村明恒，1935．西津軽十二湖の成因．地質学雑誌 **42**: 820–821.

6）宇佐美龍夫，1975．日本被害地震総覧．東京大学出版会，東京．

7）羽鳥徳太郎，1987．西津軽・男鹿間における歴史地震（1694~1810）の震度・津波調査．東京大学地震研究所彙報 **62**: 133–147.

8）Tsou, C.-Y., Higaki, D. & Yamabe, K., 2018. New information obtained from the historical Juniko landslide, one of the largest landslides in Japan．第57回日本地すべり学会研究発表会講演予稿集．

9）猪股豪・松倉公憲，2002．津軽十二湖における地すべり性大規模崩壊について．筑波大学陸域環境研究センター報告 **2**: 13–18.

10）伊東哲・中村太士，1994．地表変動に伴う森林群集の攪乱様式と更新機構．森林立地 **36**（2）: 31–40.

11）Fritts, H.C. & Swetnam, T.W., 1989. Dendroecology: a tool for evaluating variations in past and present forest environments. *Advances in Ecological Research* **19**: 111–188.

12）東三郎，1979．地表変動論―植生判別による環境把握―．北海道大学図書刊行会，札幌．

13）古川楓，2019．白神山地における地すべり活動性の把握：サンスケ沢地すべり地を例に．弘前大学農学生命科学部平成30年度卒業論文．

14）鄒青穎・石川幸男・古川楓・檜垣大助，2019．樹木年齢幅を用いた地すべり変動履歴の推定：白神山地におけるサンスケ沢地すべりを例として．第58回日本地すべり学会研究発表会講演予稿集．

15）中野崇臣，2010．白神山地における地すべり発生後の植生回復過程．弘前大学農学生命科学部平成21年度卒業論文．

16）熊谷直矢，2015．白神山地地すべり地における土壌環境条件と植生の関連性．弘前大学農学生命科学部平成26年度卒業論文．

17）樋口大紀，2018．白神山地における地すべり活動性の把握．弘前大学農学生命科学部平成29年度卒業論文．

18）Tsou, C.-Y., Higuchi, T. & Higaki, D., 2018. Deciphering recent landslide dynamics in the Shirakami Mountains, a World Natural Heritage site, Japan. Japan Geoscience Union（HDS07-P11）.

19）shamen-net研究会，2019．［新］知っておきたいGPS/GNSSのはなし．shamen-net研究会．

# 5．白神山地の気象・気候および水・炭素循環

理工学研究科　地球環境防災学科
石 田 祐 宣

## 1．はじめに

　白神山地は、中心部（核心地域）に原生的なブナ林が世界最大級の規模で残されていることから世界自然遺産に登録されています。気候環境、とりわけ気温と降水量は植生の特徴を決定づける重要な要素となっています。白神山地に原生的なブナ林が保存されているのは、大量伐採等の人為的撹乱を免れてきたことも理由の一つですが、冷涼湿潤な気候と世界屈指の多雪環境がブナの生存に適しているためです。他の競合種と比べるとブナは積雪の沈降圧による機械的損傷への耐性[1]や樹幹の直立の維持力[2]が強いため、豪雪環境下において高木ではブナが優位な立場にあります。またブナは消雪後急激に展葉しますので競合種に対して有利です。昨今は地球温暖化の傾向が顕著に現れてきており、2100年には白神山地の気候がブナの生育に適さず、消滅するという予測も立てられています[3]。希少種も多い生態系の特徴や今後の変遷を理解する上で、白神山地の気候とブナ林の動態を継続的にモニタリングすることは重要な課題です。他方、ブナ林の存在はその保水性による高温化緩和・洪水緩和の両効果をもたらし、光合成活動により温室効果気体である二酸化炭素を吸収する性質があります（図1）。つまり、白神山地のブナ林と気候は水・炭素循環を通して相互に影響をおよぼし合う関係にあります。この章では、これまでに白神山地周辺で行われてきた気象および水・炭素循環のモニタリングによって得られた結果も紹介しながら、白神山地における気象・気候の特徴を解説します。

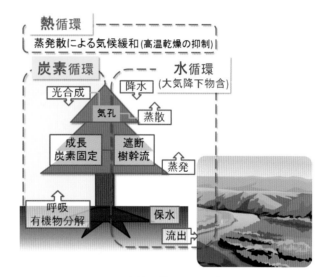

図1．森林の熱・水・炭素循環

## 2．白神山地周辺における気候の特徴

　気象という言葉は大気で起こる現象、つまり「大気現象」を意味します。先に挙げた気温や降水量も気象要素の一つですが、こういった気象要素の長期的平均を気候と呼びます。その土地の気候は、主に緯度、海岸からの距離や海流、標高や周囲の地形といった地理的要因によって決まります。植生はその土地の気候を反映することから、ケッペンなど気候区分の指標としてよく用いられます。

　日本の本州の大部分は中緯度帯に位置し、温帯（温暖湿潤）気候に属しますが、白神山地を含む東北地方の高標高の山岳域は、気温が低いために亜寒帯湿潤気候に属します（森林帯の区分により冷温帯と呼ばれる場合もあります）。いずれにしても森林が繁茂するのに適した気温帯であり、日本は海に囲まれた島国であることから降水量も豊富です。図2は気象庁が地上気象観測データに基づき推定した、1kmメッシュの降水量と日照時間の平年値分布図[4]です。北陸地方を中心とした日本海側と西日本の太平洋側で特に降水量が多いですが、その原因は異なります。夏は太平洋高気圧の西側を回り込む湿った南寄りの風が吹き、梅雨・秋雨前線や台風などとも相まって西日本太平洋沿岸地域に大雨をもたらしま

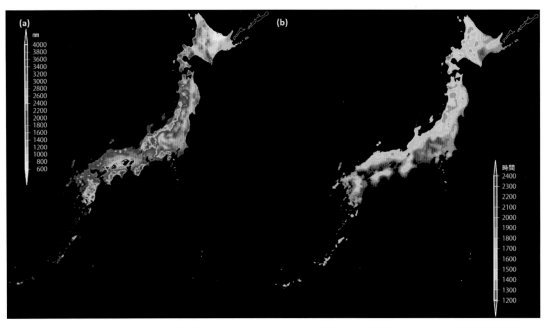

図2．気象庁1kmメッシュ平年値（1981～2010年）[4] (a) 年間降水量，(b) 年間日照時間

す。ちなみに、気象庁の観測点で最も年間降水量平年値が多いのは、白神山地と同じく世界自然遺産に登録されている屋久島で4,477mmです。逆に冬は、ユーラシア大陸で冷やされて形成されるシベリア高気圧から相対的に暖かい日本海上に向かって寒気が吹き出し、大量の水蒸気供給を受けることで日本海側の地域に大雪をもたらします。このように太平洋側と日本海側では大きく気候が異なりますが、特に冬季のコントラストが強いためにそれを反映して年間の日照時間は日本海側で短くなっています。夏

の東北地方に限ると、降水量は太平洋側と日本海側の違いというよりも山岳域で多くなっています。つまり、日本海側の山岳域は夏と冬ともに降水量が多い特徴があり、ブナにとってはとても好ましい生育環境といえます。ただし、気象庁の観測点は平野部に多く存在し、図2はこうしたデータを内挿・外挿して作成されたものなので、山岳域の精度は平野部に比べるとあまり良くありません。この図によると、白神山地の年間降水量は多いところでも2,500mm程度と見積もられています。

## 3．白神山地の気象観測

　白神山地は高いところでも1,200m程度と標高が低いにもかかわらず年間を通して気温が低く降水量が多い環境のため、ブナの生育に適しているといわれてきました。ただ、気象庁の観測施

図3．白神山地周辺の気象観測点

（国土地理院の1/200,000地勢図に地名や施設名を追記して掲載
［提供：環境省東北地方環境事務所］）

設は世界自然遺産地域から10km以上離れた平地や沿岸部に位置しており、白神山地が実際にどのような気候なのか、今まで十分にわかっていませんでした。環境省では、2001年から遺産地域2地点で気象観測を行っていますが、制約が厳しいため測定項目が限られています。そこで弘前大学では、2007年に遺産地域から約5kmのブナ林に高さ32mのフラックスタワーを建設し、2008年7月か

表1．白神自然観察園における降水量と気温の月・年別値 [6]

--- は欠測，斜字体は一部推定値が含まれます．

降水量＠白神自然観察園

| (mm) | 1月 | 2月 | 3月 | 4月 | 5月 | 6月 | 7月 | 8月 | 9月 | 10月 | 11月 | 12月 | 年 |
|---|---|---|---|---|---|---|---|---|---|---|---|---|---|
| 2010年 | --- | --- | --- | --- | --- | --- | --- | --- | --- | --- | --- | 339.0 | --- |
| 2011年 | 304.5 | 137.0 | 180.5 | 283.0 | 189.5 | 157.5 | 120.5 | 205.0 | 352.5 | 162.0 | 336.5 | 308.5 | 2737.0 |
| 2012年 | 268.0 | 255.5 | 333.0 | 158.0 | 106.5 | 45.5 | 230.0 | 129.0 | 154.0 | 241.0 | 430.5 | 283.5 | 2634.5 |
| 2013年 | 272.5 | | | | | 15.0 | 324.5 | 460.0 | 297.5 | 292.5 | 322.5 | 262.5 | |
| 2014年 | 382.0 | 187.0 | 296.0 | 39.0 | 160.0 | 225.0 | 159.0 | 498.0 | 70.0 | 218.0 | 142.0 | 436.0 | 2812.0 |
| 2015年 | 307.0 | 261.5 | 213.5 | 209.5 | 104.0 | 138.5 | 121.0 | 105.0 | 142.5 | 274.0 | 212.0 | 235.5 | 2324.0 |
| 平均 | 306.8 | 210.3 | 255.8 | 172.4 | 140.0 | 116.3 | 191.0 | 279.4 | 203.3 | 237.5 | 288.7 | 305.2 | 2626.9 |

平均気温＠白神自然観察園

| (℃) | 1月 | 2月 | 3月 | 4月 | 5月 | 6月 | 7月 | 8月 | 9月 | 10月 | 11月 | 12月 | 年 |
|---|---|---|---|---|---|---|---|---|---|---|---|---|---|
| 2010年 | --- | --- | --- | --- | --- | --- | --- | --- | --- | --- | --- | -0.1 | --- |
| 2011年 | -4.9 | -2.0 | -0.8 | 4.8 | 11.4 | 16.8 | 21.6 | 21.8 | 17.4 | 10.0 | 5.3 | -2.4 | 8.3 |
| 2012年 | -5.1 | -4.8 | -0.2 | 4.6 | 11.3 | 16.0 | 20.4 | 22.6 | 19.2 | 10.1 | 3.7 | -3.1 | 8.0 |
| 2013年 | -4.7 | -4.1 | 0.1 | 4.2 | 11.0 | 17.4 | 20.2 | 21.1 | 16.6 | 11.0 | 3.5 | -0.8 | 8.0 |
| 2014年 | -4.1 | -3.7 | 0.3 | 5.4 | 12.5 | 17.7 | 20.6 | 20.5 | 15.1 | 9.0 | 4.9 | -2.2 | 8.1 |
| 2015年 | -2.7 | -1.4 | 1.4 | 6.0 | 13.2 | 15.9 | 20.2 | 20.4 | 15.1 | 8.4 | 5.0 | 0.0 | 8.5 |
| 平均 | -4.3 | -3.2 | 0.2 | 5.0 | 11.9 | 16.8 | 20.6 | 21.3 | 16.7 | 9.7 | 4.5 | -1.7 | 8.2 |

ら気象観測、大気 - 森林生態系間の水蒸気・二酸化炭素フラックス*観測およびタワー周辺の植生モニタリング調査を開始しました[5]。2010年11月には、遺産地域の近傍に白神自然観察園が設置されたのを機に、かつて岩木山麓にあった理工学研究科寒地気象実験室の気象観測点をこちらへ移設しました。ここでは商用電源が利用できるため、雪の観測に重点を置き、積雪重量や固体降水量（積雪や降雪の水換算量）の観測も行っています。さらに2016年7月には、白神岳山頂付近の地点にも気象観測点を設けました。これら気象観測点の位置を図3に示します。

　ここでは例として白神自然観察園の気象データを主に紹介します（表1）。5年平均の気温は8.2℃で、真夏日（最高気温30℃以上）と真冬日（最高気温0℃未満）は平均でそれぞれ8日と45日程度です。気温は弘前市に比べると平均で約2℃低いのですが、この差は標高差だけでは説明できないため、植生の高温化抑制効果と積雪期間が長いことが原因として考えられます。次に降水量を見てみると、5年平均で年間2,500mmを超えており、図2で気象庁が推定した値に比べても多いことがわかります。その中でも比較的降水量が少ないのは春から梅雨までの期間（特に6月）であり、真夏の8月と真冬の12、1月に二つのピークがある季節変化となっています。

　それでは白神山地周辺の降水量の分布はどうなっているでしょう。地上気象観測ほどの精度はありませんが、図4に気象レーダーによる推定降水量データを5～11月の期間積算した分布図を示します[7]（12～4月は検証の結果精度が悪いので積算していません）。保護地区を含む標高の高い地域で降水量が多くなっていることがわかります。また、白神山地はL字型になっているので、西風や南風に乗って日本海側から運ばれ

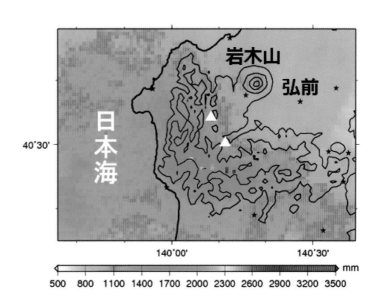

図4．気象庁レーダーによる2012年5～11月の降水量分布（コンターは等高線）[7]

た水蒸気を白神山地が受け止めて雨を降らせていることもよくわかります。もう一つ注目すべき点は量です。5〜11月の降水量は年間降水量のおよそ半分ですので、単純に図4の値を倍にすると保護地区では通年4,000mm以上の降水量となります。

白神山地は豪雪地帯であることも特徴の一つですので積雪の特徴も見てみましょう。表2と図5に白神自然観察園で測定された積雪深の推移を示します（石田2016[8]にデータを追加）。12月初旬に根雪となり積雪深は2月下旬に最大2〜3mとなることが多く、完全に雪が消えるのは5月上旬頃であることがわかります。白神自然観察園は標高が245mですので、保護地区をはじめとした標高の高く気温が低い地域では1ヶ月以上積雪期間が長く、1年間の半分以上が雪で覆われた環境となっています。

表2．白神自然観察園における積雪[8]

積雪@白神自然観察園(2009-10年までは白神フラックスタワー)

|  | 根雪開始日 | 最深積雪(cm) | (起日) | 消雪日 |
|---|---|---|---|---|
| 2008-09年 | 11月19日 | 205 | 2月22日 | 4月29日 |
| 2009-10年 | 12月 6日 | 221 | 2月17日 | 5月 2日 |
| 2010-11年 | 12月 7日 | 187 | 2月 1日 | 4月26日 |
| 2011-12年 | 11月20日 | 249 | 2月27日 | 5月 6日 |
| 2012-13年 | 12月 4日 | 292 | 2月25日 | 5月 5日 |
| 2013-14年 | 11月 6日 | 217 | 3月21日 | 4月29日 |
| 2014-15年 | 12月 1日 | 261 | 2月15日 | 4月25日 |
| 2015-16年 | 11月29日 | 137 | 3月 2日 | 4月13日 |

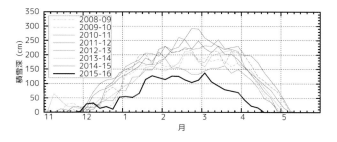

図5．白神自然観察園におけるシーズン毎の積雪深変化[8]

## 4．ブナ林の水・炭素循環

### （1）水循環

白神山地にブナの優占度が極めて高い日本固有の森林が成立する要因は多雪環境だと言われており、実際にどの程度の積雪があるのか前節で示しました。また、春から秋の降水量は、植物の生育に大きな影響をおよぼします。降った雨や融雪水は一旦土壌中に蓄えられ、そのうちの一部は蒸発と植物の蒸散で大気中に失われ、残りが河川に流出します。したがって、白神山地におけるブナ林の水環境だけでなく、河川管理や水源涵養能力を評価するためには、このような水循環各過程を把握することが大切です。降水量や河川流量は直接計測することが比較的容易ですが、蒸発散量の直接計測には特殊な機器が必要です。白神フラックスタワーの上部では、超音波風速計と赤外線$H_2O$分析計を使って大気-森林間の水蒸気フラックス、すなわち蒸発散量の直接観測を続けてきました。図6はフラックスタワーで測定された降水量と実蒸発散量、

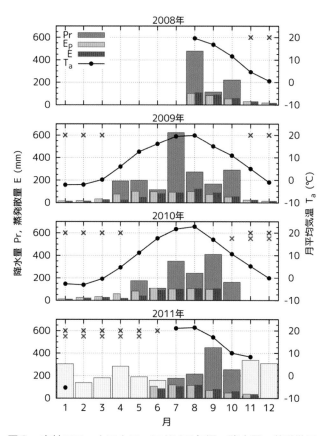

図6．白神フラックスタワーにおける気温・降水量・蒸発散量月別値（実線：気温．濃赤：実蒸発散量．薄赤：可能蒸発散量．濃紫：降水量．xは欠測を示す），薄紫：白神自然観測園の降水量．[9]

そして気象条件を元に計算された理論上可能な最大蒸発散量（可能蒸発散量）です[9]。年間実蒸発散量は約600mmで年間降水量の20%程度しかありませんが、春先を除きほぼ可能蒸発散量に等しく、とても湿潤な環境であることを示唆しています。湿潤な環境が保たれているのは、通年で降水量が多いことに加え冷涼な環境で蒸発散量が少ないことによります。4月と5月の蒸発散量が可能蒸発散量に対して少ないのは、雪解けと芽吹きの遅れが原因と考えられます。

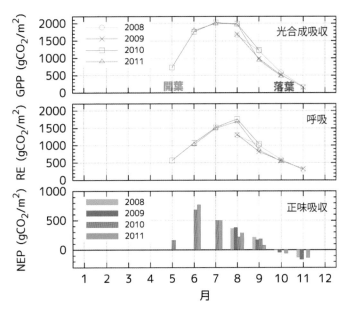

図7．白神フラックスタワーにおける$CO_2$収支[10]

### （2）炭素循環

植物は光合成活動により大気中の二酸化炭素を葉面の気孔から取り込み、自身の成長のための炭水化物をつくり出します。一方、森林生態系全体では植物そのものの呼吸や土壌中の有機物分解により二酸化炭素を放出しており、これを生態系呼吸と呼びます。二酸化炭素は温室効果ガスなので、樹木の成長状況だけでなく環境に対する影響を考える上でこうした炭素循環を把握することも重要です。二酸化炭素フラックスも、フラックスタワー上部に設置された超音波風速計と赤外線$CO_2$分析計を使って観測しています。タワー周辺は、遺産地域と同様ブナの優占度が高い森林です。1984年に択伐されていて原生的な森林ではありませんが、樹齢100年以上の樹も多く残されています。はたしてこのような森林の炭素収支はどうなっているでしょう。

光合成活動による二酸化炭素の吸収能力は樹種によっても異なりますが、基本的には葉面積と日射量に大きく左右されます。またこの関係は、同じ樹種や季節であっても気温や二酸化炭素濃度によっても異なります。月別に二酸化炭素吸収量を計算した結果[10]、図7に示すように開葉直後の5月から急激に増加し、盛夏にピークを迎え、その後落葉までゆっくりと減少する様子が確認できました。この季節変化は年によって異なり、基本的に同じ月でも温暖な年の方が光合成活動は活発でした。生態系呼吸量は温度（気温・地温）に対して指数関数的に増加します。この関係は1年を通しておおよそ一貫性があり、二酸化炭素放出量は気温変化と連動し盛夏にピークを迎えます。光合成による吸収量から呼吸量を差し引くとブナ林の正味二酸化炭素吸収量を算出することができます。季節変化を見ると、正味の吸収量のピークは6月でした。6月はブナの葉が出揃い、梅雨前で日照率が高いことから光合成による吸収量がピークを迎えますが、気温が盛夏ほどまだ高くなく呼吸量が抑えられているからです。その後、夏に向け気温が上がるにつれて正味吸収量は減っていきます。

以上のフラックス観測に基づき、年間の正味炭素吸収量を求めると、約3.4t/ha（二酸化炭素換算で1.3kg/m$^2$）となりました。この値は、林野庁が見積もった80年生ブナ林の炭素吸収量に対して倍以上となって

表3．白神フラックスタワーにおける
8月の気象条件と$CO_2$収支

| （8月） | 2008年 | 2009年 | 2010年 | 2011年 |
|---|---|---|---|---|
| 光合成吸収量 (gCO$_2$/m$^2$) | 1,657 | 1,692 | 1,985 | 1,981 |
| 生態系呼吸量 (gCO$_2$/m$^2$) | 1,295 | 1,313 | 1,764 | 1,691 |
| 正味吸収量 (gCO$_2$/m$^2$) | 362 | 378 | 221 | 290 |
| 全天日射量 (MJ/m$^2$) | 15.6 | 15.0 | 14.9 | --- |
| 平均気温 (℃) | 19.6 | 19.9 | 22.8 | 21.4 |
| 降水量 (mm) | 478.5 | 272.5 | 242.5 | 214.5 |

おり、白神山地のブナ林が良好な成長環境にあることを示唆します。一方、正味炭素吸収量は気候変動に対してどのように応答するのでしょうか。観測の結果、正味炭素蓄積量は温暖な年の方が少なくなっていました（表3）。これは、気温の上昇に対して、光合成よりも生態系呼吸の方が活発化するからと推察されます。つまり、これまでの観測結果をふまえると、白神山地ブナ林では温暖化すると炭素蓄積量が減少することが予測されます。温暖化に対して生態系呼吸量がどの程度増えるのか評価することは重要な課題ですので、白神自然観察園に隣接するミズナラ林で、自動開閉式チャンバーを用いた土壌呼吸の疑似温暖化実験も行っています（図8）。

図8．土壌呼吸を測定する自動開閉式チャンバー
一部はヒーターにより疑似温暖化状態にしています．

## 5．おわりに

　この章では実際の観測結果を織り交ぜながら、白神山地の気象・気候の特徴に加えブナ林の水・炭素循環について解説しました。白神山地は日本海沿岸に位置していることから、標高があまり高くないにもかかわらず多雨・多雪で冷涼湿潤であり、ブナ林の生育に適した環境が保たれています。しかし、今後温暖化が進むと、ただ気温が上昇するだけでなく、降水パターンや積雪期間が変わり季節進行も変化することが予測されており、貴重なブナ林への影響は無視できません。これからもモニタリングは継続しますが、皆さんも是非白神山地の環境推移に関心を持って見守ってもらいたいと思います。

　この章で取り上げた研究は、特別教育研究経費「世界遺産・白神山地生態系の総合的研究」、京都大学生存基盤科学研究ユニット・サイト型共同研究経費「森林流域における大気・水・炭素循環の観測・解析、比較に関する基礎的研究」、国立環境研究所、JSPS科研費22310019, 25450201の助成を受けて行われたものです。また、学内外の多くの方のご協力を得て実施されたものです。ここに感謝申し上げます。

＊フラックスとは、単位時間単位面積を通過する輸送量を意味する。

## 参考文献

1）Homma, K., 1997. Effects of snow pressure on growth form and life history of tree species in Japanese beech forest. *Journal of Vegetation Science* **8**: 781–788.

2）樋口裕美・小野寺弘道，1993．高木性落葉広葉樹の耐雪性の解明（I）高木性樹種の根曲がり特性．日林誌 **75**: 56–59.

3）松井哲哉・田中信行・八木橋勉，2007．世界遺産白神山地ブナ林の気候温暖化に伴う分布適域の変化予測．日林誌 **89**: 7–13.

4）気象庁，2014．メッシュ平年値図（http://www.data.jma.go.jp/obd/stats/etrn/view/atlas.html）（2016年9月20日アクセス）．

5）石田祐宣・伊藤大雄・松浦友一朗，2009．白神山地フラックスタワーの概要と気象概況（2008年7月～10月）．白神研究 **6**: 18–25.

6）Ishida, S., 2016. General meteorological conditions of the Shirakami Natural Science Park, 2015. *SHIRAKAMI-SANCHI* **5**: 1-9.

7）蓮沼洋志, 2014. レーダーによる白神山地の降雨分布特性の解明. 弘前大学大学院理工学研究科平成25年度修士論文.

8）石田祐宣, 2016. 白神山地世界自然遺産周辺地域における気象観測調査成果報告書. 環境省東北地方環境事務所. (http://tohoku.env.go.jp/nature/shirakami/monitoring/result/154101.pdf)（2016年9月20日アクセス）.

9）石田祐宣・德永真央・伊藤大雄・石田清・庄司優・蓮沼洋志・髙橋啓太・戎信宏・高瀬恵次・中北英一・田中賢治・山口弘誠, 2012. 白神山地ブナ林における蒸発散量の季節変化特性. 日本気象学会2012年度春季大会講演予稿集 **101**: 141.

10）石田祐宣・庄司優・蓮沼洋志・髙橋啓太・德永真央・伊藤大雄・石田清・戎信宏・高瀬恵次・中北英一・山口弘誠・田中賢治, 2012. 白神山地ブナ林における水・炭素収支の季節変化. 水文・水資源学会2012年度研究発表会要旨集: 160-161.

# 6. リモートセンシングとGISデータから見える白神山地

理工学研究科　電子情報工学科

丹 波 澄 雄

## 1. はじめに

　世界自然遺産に登録された白神山地は東西約60km、南北約50kmの範囲にL字型に位置しています。核心地域はほぼ中央の約170km$^2$であり、その周りを緩衝地域が囲んでいます。図1は白神山地全域を俯瞰している3D画像であり、世界遺産登録地域が示されています。このような広域のモニタリングを考えるとき、人手による地上の計測や定点観測だけでは限界があります。このような場合にはリモートセンシング（Remote Sensing）[1]と呼ばれる計測技術を利用することが考えられます。リモートセンシング

図1. 3D画像でみた白神山地

は遠隔計測とも呼ばれており、狭義には高空の人工衛星や航空機に搭載したセンサから地表を観測したデータを解析する技術です。はじめにリモートセンシングについて紹介します。広域を瞬時に観測できるリモートセンシングですが万能ではありません。予め地上に関する明らかになっているデータが有れば、それらを有効活用することによって高度な解析が可能となります。このようなデータは地理情報と呼ばれ、標高や道路網などの情報が該当します。これらのデータを取り扱うためのシステムは地理情報システム（GIS: Geographic Information System）と呼ばれています。GISの考え方についても解説を行います。観測事例として、リモートセンシングによる種々の観測画像例を紹介します。また、GISデータと組み合わせた利用例としてGoogleEarthによる表示に関しての解説も行います。

## 2. リモートセンシング

　リモートセンシングとは「離れたところから直接手を触れずに、対象物を同定あるいは計測し、またその性質を分析する技術」と定義[2]されています。リモートセンシングは物体の電磁波特性「全ての物体は、種類および環境条件が異なれば、異なる電磁波の反射または放射の特性を有する」にその基礎を置いています。リモートセンシングの観測状況を図2に、またリモートセンシングの特徴を表1に示します。高空のセンサからは地表の広い範囲を非常に短い時間で様々な波長によって観測できます。使用される波長は、図3に示さ

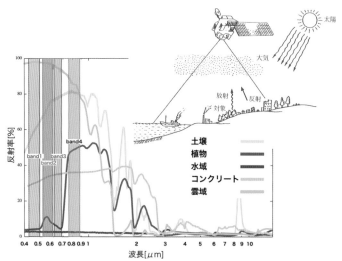

図2. 地表の電磁波特性とリモートセンシング

れるように可視、近赤外、熱赤外、マイクロ波など多岐に渡っています。図2には代表的な地表被覆物である水、土、植物の反射および放射特性が示されており、適切な波長で観測することで地表被覆物を識別できることがわかります。図4は植物の状態によって反射特性が変化する様子を示しています。この図からも適切な波長による観測で植物の状態を把握できることがわかります。

観測には様々なセンサが利用されますが、センサを搭載する飛翔体をプラットフォームと呼び、人工衛星や航空機などが利用されます。地球を周回する衛星の高度は約700km程度ですが、静止軌道衛星は約36,000kmの上空に位置しています。一方、航空機は1～2km程度と比較的に低い高度で観測を行います。高空から地表を観測するときに識別できる最小のサイズを地表分解能と言い、同じセンサなら地表に近い方が地表分解能は高くなります。周回衛星は約100分で地球を一周する軌道を巡っていますが、地球も自転しているので同じ地点を観測する軌道に戻るためには日数を要します。この日数を回帰日数と言います。回帰日数は一度に観測する観測幅に依存していて、観測幅が狭いと回帰日数は大きくなります。しかし、観測方向を直下から左右に傾けられるチルト機能を有する場合、地表の同じ場所を観測する間隔が短くなります。

各波長帯で観測されたデータは白黒（グレースケール）画像です。人間はグレースケール画像よりもカラー画像の方からより多くの情報を読み取ることができます。そこで3枚のグレースケール画像を選んでRGB（赤緑青）に割り当てることで図5に示す様なカラー合成画像を作成します。トルーカラー画像では赤色データをRに、緑色データをGに、そして青色データをBに割り当てます。地表の色は人間の目で見た場合と同じように現れます。ナチュラルカラー画像では赤色データをRに、近赤外データをGに、そし

表1．リモートセンシングの特徴

| 特徴 | 内容 |
| --- | --- |
| 広域性 | 二次元（面）観測、一度に観測できる範囲が広い |
| 瞬時性 | 電磁波を観測するので観測に要する時間は非常に短い |
| 周期性 | 人工衛星の場合は周期的な繰り返し観測になる |
| 多波長性 | 可視光以外の波長帯の電磁波も使用、不可視情報の可視化 |
| 非破壊性 | 対象に触れないので、対象に影響を及ぼさない |
| 安全性 | 離れた場所からの観測、対象に触れないので影響を受けない |
| 定量解析 | 観測データがコンピュータ処理に適するディジタルデータ |

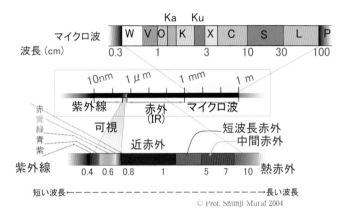

図3．リモートセンシングで利用される電磁波 3)

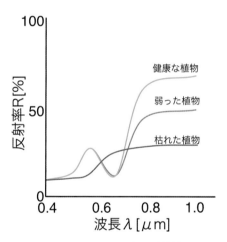

図4．植物の分光反射特性図

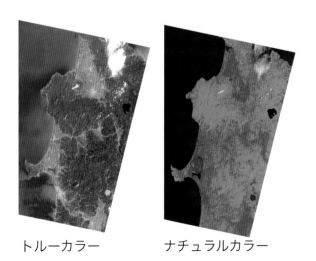

トルーカラー　　　　ナチュラルカラー

図5．カラー合成画像の代表例

て緑色データをＢに割り当てます。近赤外域での植物の反射は非常に大きいので、植物に覆われている領域は緑色に現れます。植物の状態はわかりやすいですが、都市部や薄雲域の色が薄い紫色になって現れています。画像を読み解く場合にはこのような特徴を理解しておく必要があります。

　図４の植物の反射特性から、赤色域（Red）と近赤外域（IR）のデータに着目することで植物の状態が把握できることに気が付きます。正規化植生指標（NDVI：Normalized Difference Vegetation Index）は（1）式で示される様に赤色域（RED）と近赤外域（NIR）の反射率の差に着目した植生指標の一つであり広く用いられています。

　NDVIの値は-1から１となり、0以下の値は植生以外であることを意味します。NDVIを用いることで植生域以外の領域を除外し、植生域においては植物の活性度や植物の量などを推定できるようになります。

$$NDVI = \frac{NIR - RED}{NIR + RED} \quad \cdots \quad (1)$$

## 3．地理情報システム（GIS）

　リモートセンシング画像の中で特徴的な色が現れている地点の地上の位置を知りたければ、画像が幾何学的に正確に補正されている場合は、地図と重ね合わせることで必要な位置情報が得られます。衛星画像から地形が読み取りにくければ既にある地形図や植生図などと重ね合わせることで必要な情報が得られます。このようなデータ操作を行う機能を持つソフトウェアシステムが地理情報システム（GIS）と呼ばれています。図６に示すようにGISでは種々の画像を重ね合わせて処理することが特徴の一つです。

　GISでは現実世界をモデル化し、電子情報として取り扱えるようにします。モデル化では図７の様に対象物は位置の情報（幾何情報）や様々な属性情報を持つことになります。また、図７に示されている様に幾何情報はベクター形式データやラスター形式データで表されます。ベクター形式は図形を点・線分・領域で表現します。点データには位置を表す座標値が与えられ、線分は両端の２点から定義され、領域は境界を構成する複数の線分（線分群）で定義されます。ラスター形式では空間を規則的なグリッド（メッシュ）で分割し、個々のグリッドにその地点の属性情報を与えます。リモートセ

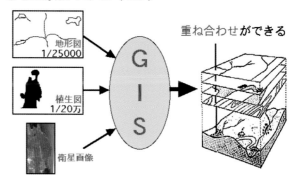

●地理情報システム（GIS）

図６．地理情報システム（GIS）の特徴

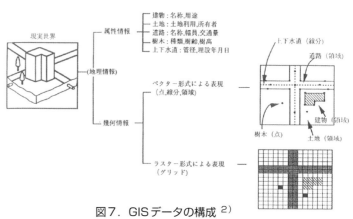

図７．GISデータの構成 [2]

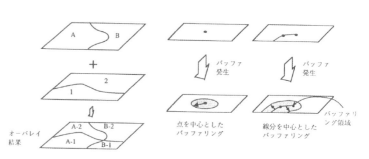

図８．オーバーレイとバッファリングの概念 [2]

ンシングのデジタル画像データは規則的な画素
（ピクセル）の集まりなので、画素値を属性情報
とするとラスター形式のデータと見なすことが
できます。

　GISによって空間検索や空間解析を行なえま
す。空間検索とはデータの持つ空間的条件に着
目して、与えられた条件を満たすデータを抽出
することです。空間検索では属性情報で検索す
る方法と幾何学的な条件で検索する方法があり
ます。空間解析では既存の地理情報から新たな
付加価値のある地理情報を作り出したり、地理
情報の間に横たわっている空間的な構造を抽出
します。空間解析では、図8に示すオーバーレ

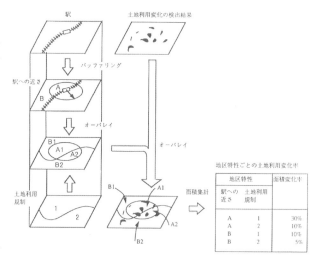

図9．土地利用変化の検出手順の例 2)

イやバッファリングなどの技術が利用されます。オーバーレイの例では異なる2つの空間領域情報の論
理演算によって新たな空間情報を生成しています。バッファリングの例では点や線分から領域を生成し
ています。図9は空間解析の例であり、土地利用変化のパターンを統計的に分析するための手順を示し
ています。駅からの距離でバッファリング、土地利用規制をオーバーレイ、リモートセンシングデータ
で土地利用変化を抽出、面積統計量算出の手順で地区特性毎
の土地利用変化率を求めています。

## 4．標高派生データ

　図10は国土地理院の標高データを高さ毎に地図帳で見慣
れた色に着色した画像です。図11は標高データに北西方向
の高度45度より平行光を照射したときに現れる陰影を図10
の着色に加えて作成した標高彩段陰影図です。このように標
高データを基にして様々な情報を持つラスターデータを生成
できます。ここでは生成される有用なデータを紹介します。

　地形に関する情報としてわかりやすい量は斜面の角度と斜
面の向きです。図12は標高データから算出した斜度図で、

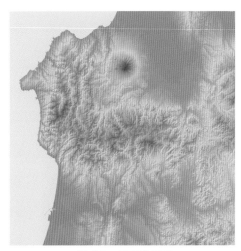

図10．標高着色図

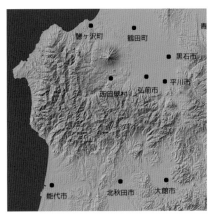

図11．標高彩段陰影図

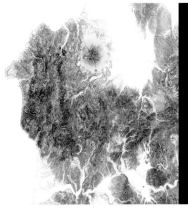

図12．斜度図
（黒いほど角度が大きい）

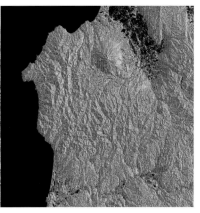

図13．斜向図
（東：黄，南：赤，西：青，北：緑）

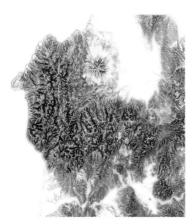

図 14. 地上開度図 　　　　　図 15. 地下開度図 　　　　図 16. 地形特徴カラー合成図

斜面の傾きが色の濃さで表されています。図 13 は斜向図であり、斜面の向きを色で表しています。斜度が 0 度の領域では斜面の向きが決定できないので黒色になっています。山岳地帯において周囲を見ると、周りが山で空が少なく見えます。この様な状態を量的に表す特徴量に開度があります。地上開度は空がどの程度開けているかを示し、地下開度は逆立ちしてみた時に地下がどの程度開けているかを示しています[4]。従って、山や尾根のように周囲の地形より高く突き出ている地点は地上開度で大きな値を取り、窪地や谷地のように地下に深く食い込んでいるような地点は地下開度で大きな値を取ります。図 14 は地上開度図、図 15 は地下開度図です。尾根線や谷線が特徴としてよく現れていることがわかります。図 16 は斜度図、地上開度図、および地下開度図を用いたカラー合成図です。尾根や谷がカラーで示され、また地形の急峻さが色の濃さで表されており、山岳地域の地形を読み取るために有用です。

　斜面に降った雨水が地表を流れる道筋を水系と呼びます。水系も標高データから求めることができます。さらに水系を河口から辿ると流域を求めることができます。図 17 は流域図にオーバーレイされた水系図です。図より白神山地の範囲に対して流域が思っていたより広いことに気が付きます。図 18 の左図の赤線は峠と道路および海岸線に基づいて定義した白神山地の範囲です。山地は適切に含まれていることがわかります。白神山地を含む流域を全て表した図が右図です。岩木川流域および米代川流域を含む広い範囲が白神山地と関連していることがわかります。

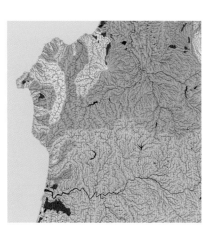

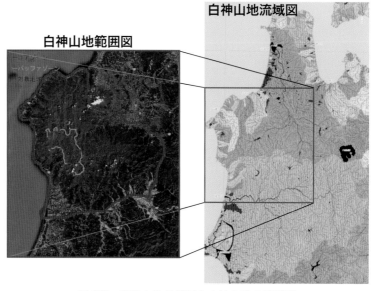

白神山地範囲図　　　　　白神山地流域図

図 17. 流域図にオーバーレイされた
　　　水系図

図 18. 白神山地の範囲と白神山地の流域図

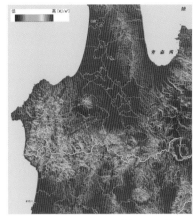

図19. 夏至の日の日射エネルギー
分布図

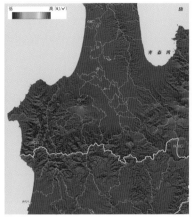

図20. 冬至の日の日射エネルギー
分布図

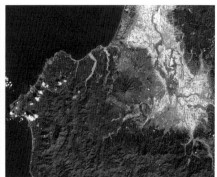

図21. LANDSAT5号カラー画像
(RGB=321)(1984.10.10)

　各地点の斜面の傾斜角と方位角が判っていますから、ある快晴の日の1日に地表で受け取る日射エネルギー量を計算できます。図19は1年で太陽高度の最も高くなる夏至の日の1日に受け取る日射エネルギー量の分布図です。また図20は太陽高度が最も低くなる冬至の日の分布図です。地形の険しい白神山地内では場所によって受け取ることのできるエネルギー量に違いが有ることがわかります。

## 5. リモートセンシングデータ

　身近な人工衛星画像として気象衛星ひまわりの雲画像がありますが、米国の資源探査衛星LANDSATによる陸域画像は小中高の理科や社会の教科書などで使われており、リモートセンシングデータは身の回りで普通に見られるようになってきています。図21は1984年のLANDSAT5号衛星のTMセンサデータ（地上分解能30m）によるトゥルーカラー画像です。標高の高い山から紅葉が始まっている様子が読み取れます。図22は2014年のLANDSAT8号衛星のOLIセンサデータ（地上分解能30m）によるナチュラルカラー画像です。図21の30年後に観測された画像ですので比較することで30年間の地表の変化を把握することが可能です。

　図23から図26は日本の打ち上げた地球観測衛星（ALOS

図22. LANDSAT8号カラー画像
(RGB=654)(2014.9.27)

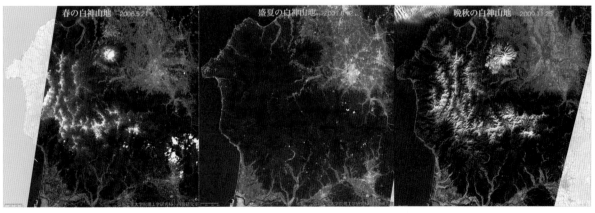

図23. ALOS衛星AVNIR-2画像
(2006.5.21)

図24. ALOS衛星AVNIR-2画像
(2007.8.12)

図25. ALOS衛星AVNIR-2
(2009.11.25)

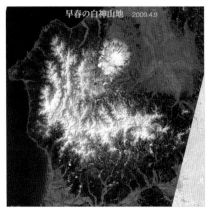

図26. ALOS衛星AVNIR-2画像
(2009.4.9)

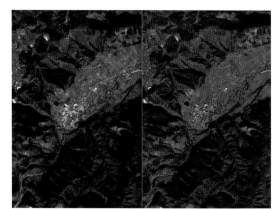

図27. パンシャープン処理による高分解能化
(西目屋村役場周辺)
左：AVNIR-2画像（分解能 10m）
右：パンシャープン画像（分解能 2.5m）

衛星）のAVNIR-2センサ（地上分解能10m）による白神山地の四季のトルーカラー画像です。観測年は同じではありませんが、白神山地の季節変化を読み取ることができます。秋の画像では降雪の様子が、また冬と春の画像では融雪の様子がわかります。ALOS衛星には地上分解能2.5mのPRISMセンサも搭載されており、AVNIR-2センサと同じ場所を観測しています。図27に示すように同じ場所を観測したAVNIR-2カラー画像とPRISM画像にパンシャープン処理を適用するとPRISMの分解能2.5mのカラー画像（パンシャープン画像）が得られます。

　図28は気象衛星NOAAのAVHRRセンサ（地上分解能約1.1km）によるナチュラルカラー画像です。NOAA衛星は1日に4回以上地上の同一地域を観測しています。またNOAA衛星は1979年より観測を継続しているので、35年以上の観測データの蓄積がありますから、白神地域の長期間の気象現象の解析に利用可能です。図29は地球観測衛星AQUA搭載のMODISセンサ（地上分解能250m）のナチュラルカラー画像です。MODISセンサの可視域はAVHRRより高分解能ですが、熱赤外域では同程度です。しかしAVHRRの5波長帯観測に対してMODISでは36波長帯であり、詳細な解析が可能です。

　地上の高分解能画像データは航空機に搭載したセンサによって得られますが、現時点での人工衛星搭載センサの最も高い分解能は30cmで、航空写真に匹敵するまでに性能が向上しています。しかし、過去の高分解能画像記録データは航空写真のみです。航空写真は撮影範囲をオーバーラップしながら連続して撮影されています。飛行高度は一般的に2km程度と低いため画像の中心から離れた部分は斜め観測になり標高の高い山などは倒れ込んで見えます。この補正を行い、地図に重なるように補正すること

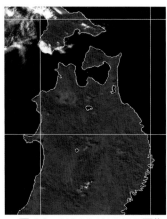

図28. NOAA/AVHRR画像
(2014.10.24,12:58)

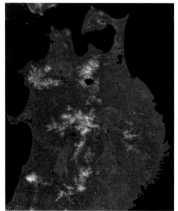

図29. AQUA/MODIS画像
(2006.5.4,12:34)

図30. オルソ化モザイク航空写真 (1975)　　　　　図31. アナグリフモザイクカラー画像 (1975)

をオルソ補正と呼びます。図30は日本海から白神岳付近までの航空写真をオルソ補正しモザイク合成した画像です。9月の撮影画像なので山頂から紅葉が始まっていることがわかります。

　航空写真の倒れ込みを補正せずに利用すると立体視ができます。連続する二枚の画像を並べて裸眼で立体視することができる人もいますが経験が必要です。そこで誰でも立体視できるように連続する2枚の画像のオーバーラップ部分を用いてアナグリフ画像を作成します。アナグリフ画像とは右目で見る画像と左目で見る画像を赤色と青色で表し合成した画像で、左目で赤のセロハン、右目で青のセロハンを透して見ると立体画像に見えます。図31は作成したアナグリフ画像を用いてモザイク処理を行ったアナグリムモザイクカラー画像です。赤青セロハンメガネを透して見ると地形が立体的に把握できます。

　以前は研究者など特定の人々しか目にすることの無かった衛星画像ですが、最近では非常に簡単に手に入るようになり、また自在に表示できるツールも公開されるようになっています。Google Earthはそのようなツールの代表と言えます。Google Earthで表示される地表の画像は航空写真や種々の衛星センサの画像であり、個人で入手しようとすると非常なコストを要するものも含まれています。またGoogle Earthでは標高データが整備されているため、非常に簡単に地表の様子を3D表示することができます。行政界や道路、鉄道、河川などのベクトル情報および地名などの地点の情報を含むGISデータを含んでいるので、種々のGISデータのオーバーレイは容易です。Google Earthの画像中に色合いが不連続になっている部分がしばしば見られますが、これはデータ取得の衛星や観測センサおよび時期が異なっているためです。ズーム倍率や視点を自由に変えられるので、地形の特徴を理解するための便利なツールとして利用することができます。

## 6. まとめ

　リモートセンシングデータには様々な種類があり、その特徴を理解して目的に応じて使い分ける必要があります。分解能の視点から見ると、1m以下の高い分解能のデータの場合には限られた領域を詳細に観測することができます。30m以下の中分解能のデータならば、白神山地全域を年に数回程度定期的に観測できるので全域の状態を把握することができます。1km程度の低分解能のデータならば白神山地全域を毎日観測することができ、1日単位での変化を知ることが可能です。また、長期間の蓄積がある観測データならば気候変動スケールでの解析も可能です。

　リモートセンシングデータには得手不得手があります。地形情報などの地上で詳細に調べられているGISデータには、リモートセンシングデータから得ることの難しいまたは得られないものがあります。標高データもリモートセンシングで求めることが可能ですが、日本では国土地理院の標高データの方が精度が良いのです。標高派生データは種々の側面からの地形の特徴を表していますので、リモートセンシングデータと組み合わせることで効果的な解析を可能にします。現象解明のためにリモートセンシングは有益ですが、行政界などの人文的情報はGISデータとなり、このような観点での結果の集計や表示

にはGISが必須となります。リモートセンシングとGISは車の両輪に喩えられるので、両方のデータを適切に組み合わせることで白神山地の環境を効果的にモニタリングすることが可能となります。

　近年の技術進展によりUAV（Unmanned Aerial Vehicle：無人航空機、通称ドローン）によるリモートセンシング画像の取得が容易になりました。UAVは限られた範囲の時間空間的な詳細観測が可能であり、衛星リモートセンシングとは視点の異なるデータが取得できます。UAV観測には様々な特徴がありますが、曇天でも観測ができるため観測頻度が高くでき、また低高度からの観測であるため非常に高い空間分解能の画像が得られます。UAVは強

図32.　UAVオルソモザイク画像（2019）

風下では観測が困難ですが、観測の自由度は衛星に比べて非常に高いと言えます。図32はUAV観測によって得られた画像の例で、白神山地の世界遺産核心地域から約3kmの距離に位置している弘前大学農学生命科学部附属白神自然環境研究センター白神自然観察園の園地をUAVに搭載したカメラで撮影した複数枚の画像をオルソモザイク画像生成ソフトウェアMetaShapeによってモザイク合成した画像です。高度約150mからの観測であり、使用したデジタルカメラの画素数から地表分解能は10cm以下となっています。画像の中心には「不識の塔」と呼ばれる塔が、また画像の下中央には白神自然観察園の教育研究棟の建物が写っています。モザイク画像を見ると樹種の違いがテクスチャーの違いとなって現れており、樹種の詳細な分類が可能であることがわかります。季節の違う画像を取得することで高い分類精度の分布図の作成が期待できます。

## 参考文献

1）日本リモートセンシング学会，2011．基礎からわかるリモートセンシング．理工図書，東京．
2）日本リモートセンシング研究会編，2001．改訂版 図解リモートセンシング．日本測量協会，東京．
3）岩男弘毅（著），村井俊治（監修），2005．リモートセンシング読本―インターネットの情報満載―．日本測量協会，東京．
4）横山隆三・白沢道生・菊池祐，1999．開度による地形特性の表示．写真測量とリモートセンシング38（4）: 26-34．

# 7．白神山地は「緑のダム」になり得るか
## ―白神山地が下流河川環境へ及ぼす影響―

農学生命科学部　地域環境工学科　弘前大学名誉教授

丸　居　篤　　工　藤　明

## 1．はじめに

　緑のダムとは、森林が生態系として持っている多様な作用のうち、まるで人間の利便性や防災上の必要性に合わせているかのように河川の流量を調節する機能（自然の恵み）を発揮する森林のことであり、この機能を緑のダム機能と呼びます[1]。1975 年頃から使われ始めた言葉で、人間が森林に洪水緩和や渇水緩和といった人工のダムと同様の機能を期待する際に使われます。また、同時に森林による水質浄化を期待することも含むことがあります。

　このような機能を白神山地がどの程度発揮しているのか、森林における降雨や浸透などの水循環を通して見ていきましょう。

## 2．白神山地の調査流域概要

　調査流域は、世界遺産白神山地の北東部に位置し、森林生態系保護地区に指定されている暗門川流域とその南側に隣接する大割沢流域です（図1）。何れも下流にある津軽ダムに流入します。暗門川の流域面積は 2,221.9ha、流路延長 6.38km、流域最上流部から調査地点までの高低差 666m、平均傾斜は 6.0°です。植生はブナの極相林（82%）を中心とした落葉広葉樹が90%、針葉樹が5%、裸地その他5%、

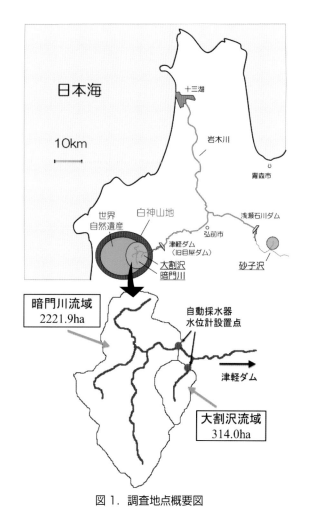

図1．調査地点概要図

地質（基岩）は凝灰岩（軽石、火山礫、砂質等各種）が79%、硬質頁岩が12%、玄武岩7%、安山岩その他2%です。大割沢調査対象地区は大割沢谷止工までの流域面積314ha、流路延長 1.84km、高低差631m、平均傾斜は 18.6°、谷止工直下で暗門川に合流します。両地区は隣接していますが、植物相がやや異なり広葉樹が84%、針葉樹が12%で、針葉樹の殆どが杉、カラマツ等の植林です。一方、地質は凝灰岩（軽石、火山礫、砂質等各種）系が71%、硬質頁岩が17%、頁岩が7%、安山岩その他4%と暗門川流域に類似していますが、浸食・風化を受けやすい地質構造を持ちます。

## 3．白神山地の降雨量と流出量

　岩木川流域の年平均降水量は約 1,400mm 程度であり、全国的に見ると比較的少ない地域です。一般的に標高が高い地点で降水量が多くなることが知られており、さらに、海岸に近い地点では降水量がよ

り多いと推定されます。白神山地における年降水量は、流出量から推定すると 4,000mm 以上の降水量があるのではないかとの研究成果もあります[2]。白神山地における水収支を検討するためには、年間を通した調査データが必要ですが、調査地区への道路は冬期間（11 月〜4 月）閉鎖されるため、現地調査が出来ません。ただし、近年、暗門地点（標高:240 m）での降水量観測が通年実施されることになり、そのデータによると年降水量は 2,500mm 前後です[3]。

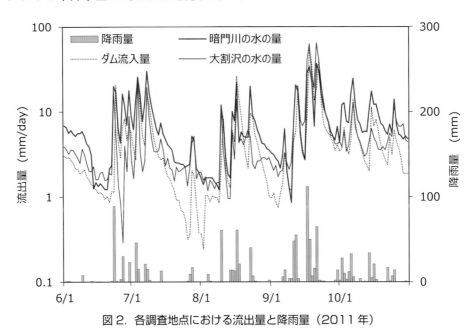

図2. 各調査地点における流出量と降雨量（2011 年）

　調査期間における白神山地からの流出量と降雨量を示したものが図2です。図中青い実線は暗門川（6 〜 10 月分）の流出量、赤は大割沢の流出量、破線は目屋ダムへの流入量を mm 単位で示したものです。降雨量は暗門地点のデータです。山地からの流出量は降雨量に大きく支配され、9 月上・中旬の合計降雨量が 400mm 程度の期間では、全流域で流出量が急激に増加していますが、単位面積当たりの流出量では暗門川流域に比べ大割沢流域およびダム流域の方が大きい傾向を示しました。一方、無降雨日（5mm/day 以下）が 10 日以上継続した 7 月下旬や 9 月初旬では流出量が減少し、大割沢やダム流入量では 1mm/day を下回る日が数日観測されました。ところが、暗門川流域では流出量の減少が小さく、保水力が大きい傾向を示しています。これを流出量の大きい順に並べた両流域の流況図が図3です。暗

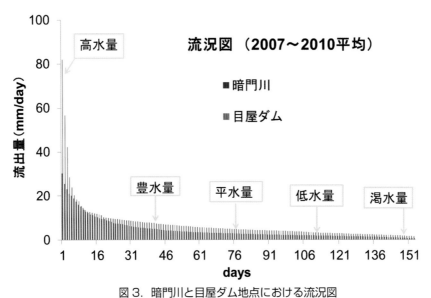

図3. 暗門川と目屋ダム地点における流況図

門川流域（表 1）は他地区の観測結果（松を主体とした混合林：平水量 0.5 ～ 2.0mm、渇水量：0.5mm 以下[4]、ヒノキ 71％、スギ 29％の人工林：低水量 1mm 前後、雨が少ない時 0.5mm 程度[5]、ヒノキ人工林（九大演習林）：平水量 0.65 ～ 0.76mm、低水量 0.39mm/day[6]）と比較しても、低水量（3.05mm/day）や渇水量（1.74mm/day）が大きくなっています。大割沢流域でも低水量が 2.22mm/day、渇水量が 1.13mm/day と針葉樹林帯に比較すると保水力があります。ブナやミズナラといった広葉樹林は保水能力に優れるといわれ、豪雪地帯では流出量が多い傾向にあることも最近研究で明らかになっています。森林地帯の流出量や水質変化、下流側への物質負荷量に大きな影響を及ぼすのは降水です。その影響度合いは降雨量や雨量強度によって異なり、これが「緑のダム」と「人工のダム」の異なるところでもあります。

表1．2007 ～ 2011 年（6 ～ 10 月）の各地点における流出量の平均値(mm/day)

| | 降雨量 | 平均流出量 | 高水量 | 豊水量 | 平水量 | 低水量 | 渇水量 |
|---|---|---|---|---|---|---|---|
| 暗門川 | 1206 | 6.40 | 25.30 | 7.74 | 4.91 | 3.05 | 1.74 |
| 大割沢 | 1206 | 6.12 | 57.08 | 5.72 | 3.48 | 2.22 | 1.13 |
| 目屋ダム | 1193 | 5.35 | 53.83 | 5.12 | 2.79 | 1.72 | 0.75 |
| 目屋ダム(通年) | 2564 | 7.33 | 72.57 | 7.69 | 3.41 | 1.93 | 0.96 |

## ４．降雨時の流出負荷量

　森林地帯からの流出水質は、流域内における土壌や地質、生物生態系、降雨が影響を与えています。河川上流部に位置する森林地帯からの流出水質が下流河川や貯水池、ダムなどの水環境に与える影響は大きなものです。図４は降雨時における水質変化（濁度：濁り、COD：有機物濃度、T-N：窒素濃度、

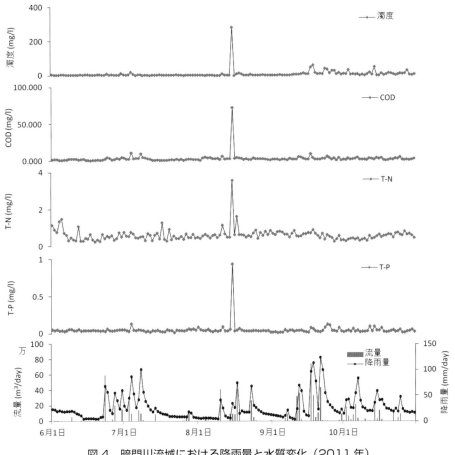

図4．暗門川流域における降雨量と水質変化（2011 年）

T-P：リン濃度）の事例を示しました。白神山地における平常時の水質濃度は非常に低く、バラツキも少ないですが、降雨時には濃度が変動することがわかります。

　森林地帯の暗門川流域は無降雨時は水質濃度が低く清流ですが、降雨が継続するに従い河川の流量が増大し、水質濃度が高くなります。降雨時の物質移動の影響を見る指標として、流量（l/sec）×水質濃度（mg/l）を負荷量（mg/sec）といい、運ばれる物質量を表すことができます。図5は一連の降雨量と河川流量の関係を表し、図6は降雨量と流出負荷量の関係を表しています。暗門川と比較するために農村市街地の鶴田町のデータを示しています[7]。暗門川流域では降雨量が小さいときは、流出量が極めて少ないのですが降雨量が増加するに従い流出量が大きくなり、200mm程度で鶴田地区と逆転します。これはブナ樹林帯特有の洪水緩和機能を示していますが、降雨量によって限界があることがわかります。図6の流出負荷量を見ても少雨時に流出負荷量が小さいですが、大雨の際はその差が縮まることを示しています。

　以上のことから、白神山地は比較的高い保水性を示し、渇水緩和機能が高いと考えられます。大雨の際には洪水緩和機能を発揮し流量を小さくする傾向が見られますが、他地区と比べ100mm以上の降雨ではその機能が低下します。無降雨時は水質濃度が低く清流ですが、降雨時、とくに数百mmの降雨では流出負荷量が増える可能性があります。

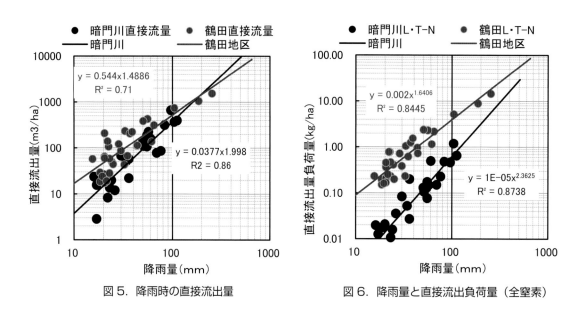

図5．降雨時の直接流出量　　　　　　図6．降雨量と直接流出負荷量（全窒素）

**参考文献**

1）蔵治光一郎・保屋野初子，2014．緑のダムの科学．　築地書館，東京．pp. 2-12.

2）境田清隆・牧田肇・鳥潟幸男・佐野嘉彦，1995．白神山地の降水及び流出特性．平成6年度特定地域自然林総合調査報告書．（財）国立公園協会，東京．pp. 77-101.

3）工藤明・高橋康平・倉島栄一，2010．世界自然遺産白神山地における保水能力と水質浄化機能について．　日本雨水資源化システム学会第18回研究発表会講演要旨，pp. 1-6.

4）瀧本裕士・田中正・堀野治彦・渡辺紹裕・丸山利輔，1994．山林は渇水緩和に役立つか:奈良県五條吉野地区を事例として．農業土木学会論文集 170: 75-81.

5）武田育郎，2002．針葉樹人工林の間伐遅れが面源からの汚濁負荷量に与える影響(I)．　水利科学 265: 1-22.

6）大槻恭一・東直子・智和正明・井出淳一郎・丸野亮子・脇山義史・小松光，2007．ヒノキ人工林流域における水・物質循環に関するプロセス研究．　農業農村工学会全国大会講演要旨集，pp. 74-75.

7）管化冰・工藤明・泉完，2007．循環灌漑地区における水管理と流出負荷量に関する研究．　弘大農生学術報告 10: 1-11.

# 8．白神山地の自然環境の歴史的変遷
## ―ヒトの生態系への関与を検討する―

人文社会科学部　文化財論講座

上 條 信 彦

## 1．考古学からみた白神山地

　著者は考古学を専門としています。「考古学」というと地中を発掘し、土器や石器といった直接的にヒトが使った道具から、人間活動を復元することが中心ですが、人間活動が生態系にどのように関与していったのか、その変遷を千年以上の長い年月レベルで検討することもできます。これら、ヒトと生態系との関連を調べる分野として「考古植物学」「考古環境学」といった分野があります。代表例として三内丸山遺跡（5,800 年～ 4,100 年前）では、花粉分析やDNA分析の結果、ヒトが潜在植生であったブナ林を食料資源として重要なクリ林に改変したことが解明されています。さらにこの遺跡では植物学や環境学の研究者との共同研究によって、ブドウ属やニワトコ属、ダイズ属など様々な種子が検出され、これまで以上に様々な植物が利用されていることが分かりました。このように、従来の「考古学」からだけでない視点を用いて、肉眼では観察しにくい資料を別の分析法で観察することによって、これまで分からなかったヒトの生態系への関与を知ることができます。これが考古学の醍醐味ともいえるでしょう。

　ただ、以上のような研究は、保存状態のよい遺跡に恵まれなければ難しいうえ、研究者と発掘主体者が互いに理解しあい進めていかなくてはいけません。青森県では植物遺存体に関する微細な種子を含めた詳細な分析例は多くはありません。

　近年、白神山地周辺では、津軽ダム建設に伴って多数の遺跡が発見、調査されています。ダムで沈んだ岩木川上流域の砂子瀬～大川添地区は、狭い段丘面が集中しており、その段丘面上の平地に多数の縄文遺跡が発見されました（図1）。特に遺跡の密度や視覚的な範囲から閉鎖的な空間で複数の集落からなる一つの領域を形成していることが分かります。このような環境は、同一環境下におけるヒトの行動を通時的に知ることができるという利点があります。さらに白神山地の重要な点は、原生的なブナ天然林が分布しているだけでなく、そこを維持するふもとの人々の活動が数千年にわたって及ぶことであります。つまり、ヒトの活動と生態系とのバランスが長期にわたって保たれていたのです。

　こうした長期にわたる自然と共存してきたヒトの資源利用を解明することができるのが考古学の大き

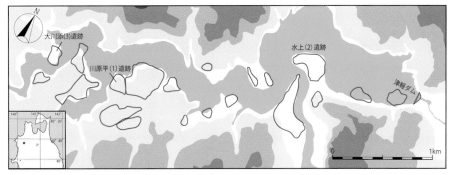

**図1．津軽ダム周辺の遺跡**
地形図は湛水前．遺跡名は本章に関連するもののみ．津軽ダムが
完成した現在，赤枠の多くの遺跡は水没している．

な特徴であり、その利用を解明することが今後の生態系維持を考えるうえでのヒントにもなるのです。

## 2．研究の方法

　私たちの研究では、遺跡の発掘調査の際、遺物とともに出てくる土壌に注目し、遺物の主体となる時期をその土壌の堆積年代として、種子や花粉、植物珪酸体（プラント・オパール）など微細遺物を検討することで、集落の環境変遷を明らかにします。具体的には、川原平（1）遺跡と大川添（3）遺跡という2つの遺跡における縄文時代後期後葉以前（〜3,600年前）、晩期後半（3,000〜2,300年前）と古代（10世紀）以降の地層や遺構から試料約500 kgの土壌を回収し、水洗選別による種子の検出、花粉分析、植物珪酸体分析を実施しました。それぞれの分析法を紹介します。

### （1）水洗選別法による微細試料の回収

　遺跡調査の際には肉眼で発見されやすい土器や石器のほかに、見落とされやすい微細試料が多数見つかります。そこで、水洗選別法を用いた土壌のフルイ分けにより、微細資料を検討する重要性が指摘されています。特に北海道では炉内の土壌などの水洗選別を行った結果、栽培植物種子が検出されたほか、三内丸山遺跡ではブドウ属・ニワトコ属種子などの検出により縄文時代の多彩な資源利用の実態が浮かび上がっています。水洗選別法とは、遺跡で採取した土壌を水槽に入れ、浮遊してくる種子や炭化物と、沈殿する骨や石器の破片をフルイにかけて回収する方法です（図2）。

**図2．左：水洗選別法，右：土壌試料の選別風景**

水槽の中に土壌試料を入れて撹拌します．土器や石器などの重い試料は水槽下のフルイに回収されます．木炭や種子は浮遊するので，あふれた水とともに水槽横のフルイを通過します．フルイは下にいくにつれ目が細かくなっており，それぞれの目に応じた大きさの試料が分別，回収されます．

### （2）花粉分析

　花粉とは、種子植物の花のおしべから出る大きさ数十$\mu$mほどの粉状の細胞で、種子植物が有性生殖を行う際に必要となります。花粉にはハチなどが受粉を助ける媒体（動物媒介）があるほか、樹木など、風によって大量の花粉を遠距離まで拡散（風媒介）するものがあります。花粉の外壁は、スポロポレニンという極めて化学的に安定な物質を含むため、土中の成分や、腐食に強い微化石として残りやすいのです。花粉は個々に違った形態、構造があり、顕微鏡などでそれらを観察することによって、属レベルまで識別できます。遺跡における分析では、堆積時期や環境の異なる地層や遺構ごとに土壌を定量

| 分類群 | 部位 | IVT-44 66~68 Ⅲ-2層 近代 | IVR-44 41~43 Ⅲ-3層 | IVS-44 72~74 Ⅲ-4-a層 | 75~77 Ⅲ-4-b層 | 78~80 Ⅲ-4-c層 | 81~83 Ⅲ-4-d層 | 47~49 Ⅲ-8層 | IVQ-44 69~71 Ⅲ-8層の下の内層 | 50~52 Ⅲ-9層 | IVR・S-44 53~55 Ⅲ-10層 | 56~58 Ⅲ-11層 | IVQ-44 59~61 Ⅲ-12層 |
|---|---|---|---|---|---|---|---|---|---|---|---|---|---|
| 重量 (Kg) | | 23.6 | 18.1 | 13.8 | 24.8 | 25.4 | 22.6 | 19.4 | 19.0 | 18.2 | 19.5 | 19.1 | 19.0 |
| オニグルミ | 炭化核 | | (2) | | | | | | (4) | (3) | | | |
| クリ | 炭化果実 | | (2) | | | | | (1) | (1) | (9) | | | |
| | 炭化子葉 | | | | | | | | (3) | (1) | | | |
| クワ属 | 炭化核 | | | | | | | | | 1 | | | |
| マタタビ属 | 炭化種子 | | | | | | | | 1 (1) | 1 (1) | | | |
| キハダ | 炭化種子 | | | | | | | | | | | | (1) |
| ウルシ | 炭化内果皮 | | | | | | | | (2) | | | | |
| ウルシ近似種 | 炭化内果皮 | | | | | | | | 3 (2) | | | 1 | |
| トチノキ | 炭化種子 | | (45) | | | | | (43) | (39) | (97) | (6) | | (4) |
| ブドウ属 | 炭化種子 | 1 | | | | 1 | | | | | | | |
| キブシ | 炭化種子 | | (1) | | | | | | (1) | | | | |
| ミズキ | 炭化核 | | | | | | | | (1) | 1 (1) | | 1 (6) | (3) |
| タラノキ | 炭化核 | 2 (2) | | | | | | 1 | 1 | 1 | | | 5 |
| ニワトコ | 炭化核 | | | (1) | | | | | | | | | |
| ミズヒキ属 | 炭化果実 | | | | | | | | | | 1 | | |
| イヌタデ | 炭化果実 | | | | 1 | | | | | | | | |
| タデ属 | 炭化果実 | 1 | 2 (4) | 3 | 3 | 2 (2) | | 4 | 32 (6) | 17 (2) | 2 (1) | 13 (2) | 46 (22) |
| ギシギシ属 | 炭化果実 | | 1 | | | | | | | | | | |
| アカザ属 | 炭化種子 | (2) | 1 | 1 | | | 1 | | 2 | | | | |
| オランダイチゴ属・ヘビイチゴ属 | 炭化果実 | | | | | | | | 1 | | | | |
| カタバミ属 | 炭化種子 | | | 1 | | 2 (1) | | | | | | 1 | |
| スミレ属 | 炭化種子 | (1) | | | | | 1 | | | | | | |
| アカネ属 | 炭化種子 | | | | | (1) | | | | | 2 | 2 | |
| キランソウ属 | 炭化果実 | | | | | | | | 1 | 1 | | | |
| オオバコ属 | 炭化種子 | | | | | | | | | | | 1 | |
| カワツルモ | 炭化種子 | | | | | | | | | | | 1 | |
| ヒエ | 炭化有ふ果 | | | 1 | | | | | | | | | |
| | 炭化種子 | | | 3 | | 1 | | | | 6 | | 1 | |
| イヌビエ属 | 炭化種子 | | | | | | | 1 (1) | 2 | 1 | 1 | | |
| イネ科 | 炭化種子 | | | | | | | | | 1 | 3 | | |
| スゲ属 | 炭化果実 | | | | | | | | 1 | | | 1 | 1 |
| 同定不能 | 炭化種実 | (13) | (3) | | (1) | (6) | | (1) | (6) | (14) | (45) | | (35) |
| 虫えい | 炭化 | | 2 | | | | | | | | 4 | | |
| 子嚢菌 | 炭化子嚢 | | | | | | | | | | | | |
| スギ | 種子 | | | | | | | | 1 | | | 1 | |
| クワ属 | 核 | | 1 | | | | | | | | | | |
| キイチゴ属 | 核 | | 1 (1) | | | | | | | | | | |
| ブドウ属 | 種子 | | | | 1 | | | | | | | | |
| キブシ | 種子 | | (1) | | | (1) | | | | | | | |
| タラノキ | 核 | | 49 (153) | | | | | | | | | | |
| ニワトコ | 核 | | (1) | | | 1 | 2 | | | | | | |
| カラムシ属 | 果実 | | | | 1 | | | | | | | | |
| ヤナギタデ | 果実 | | | 4 | 8 | | | | | 41 (2) | | | |
| スベリヒユ属 | 種子 | | | | 1 | 2 | | | | | | | |
| アカザ属 | 種子 | 282 (78) | | | 1 | 3 (2) | | | | | | | |
| オランダイチゴ属・ヘビイチゴ属 | 果実 | | | | 1 | | | | | | | | |
| カタバミ属 | 種子 | | | | 2 | 2 | | | | | | | 1 |
| エノキグサ属 | 種子 | | | 1 | | | | | | | | | |
| スミレ属 | 種子 | | | 1 | | | | | | | | | |
| アリノトウグサ属 | 種子 | | | | | 1 | | | | | | | |
| コナギ | 種子 | | | | 1 | | | | | | | | |
| エノコログサ属 | 有ふ果 | | | 1 | 3 | 3 | | | | | | | |
| カヤツリグサ属 | 果実 | 331 | | 2 | | | 1 | | | | | | 2 |
| スゲ属 | 果実 | 7 | 1 | | | 2 | | | | | | | |

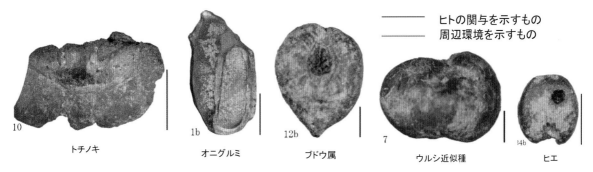

| ——— ヒトの関与を示すもの |
| ——— 周辺環境を示すもの |

10 トチノキ　　1b オニグルミ　　12b ブドウ属　　7 ウルシ近似種　　14b ヒエ

図3．種子（植物遺体）分析の結果（上）と出土種子（下）（スケール1mm）（川原平（1）遺跡）

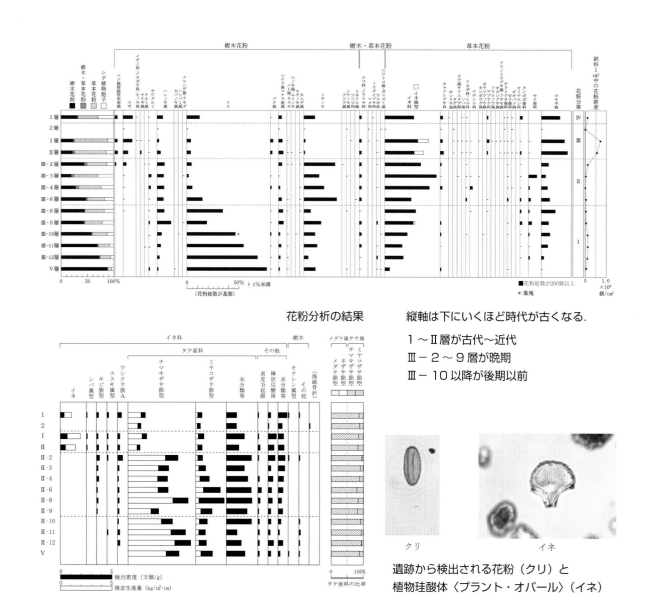

花粉分析の結果

縦軸は下にいくほど時代が古くなる.

1～Ⅱ層が古代～近代
Ⅲ-2～9層が晩期
Ⅲ-10以降が後期以前

植物珪酸体分析の結果

遺跡から検出される花粉（クリ）と
植物珪酸体〈プラント・オパール〉（イネ）

図4．各種分析の結果（川原平（1）遺跡）

回収し、アルカリ処理やアセトリシス処理によって花粉以外の微細物質を薬品除去した後、プレパラートを作成します。分析では、花粉の識別、個数カウント後、各試料に含まれた花粉を、木本類、草本類・胞子に2大別して統計し、各比率の変動をとらえます。

### （3）植物珪酸体分析

　植物珪酸体はイネ科植物など植物の細胞組織に充填する非結晶含水珪酸体（$SiO_2.nH_2O$）の総称です。種子や花粉は土中の環境により分解されやすいのに対し、植物珪酸体は植物の腐食後の残存物であるため、現地性が高く、土壌だけでなく土器の粘土内からでも検出可能です。特にイネ科植物の機動細胞は細分が可能になってきており、イネの特定だけでなく、陸稲か水稲か、野生種か栽培種かの議論もされています。分析では有機物を灰化させ、珪酸体と分離させたのち、重液を用いた遠心分離や沈底法（水中における粒子の沈降速度が粒径や比重によって異なることを利用した分離法）によって標本を作製します。分析では、花粉と同様に統計し、各比率の変動をとらえます。

## 3．分析の結果

### （1）川原平（1）遺跡

　この遺跡では捨て場と呼ばれる、縄文人のごみ捨て場（今のような意味ではなく当時は魂を送る場であった）を調査しました。水洗選別した種子同定の結果（図3）、縄文後期まではクリ・コナラ亜属が多く、後期後葉〜晩期には、オニグルミ・トチノキなどエネルギー源の食用植物が増加します。特にトチノキは潜在植生に対し極端に多く、人による積極的な利用がうかがえます。トチノキの実は、アクが強い実ですが、アクを抜くことができれば、同じ量のコメと同じぐらいのカロリー量があります。また、栽培植物であるウルシとヒエが検出されました。ウルシは容器の塗料、ヒエは今でも十六穀米などに入っている雑穀類の代表的な植物です。

　そのほか、食用可能な植物としてクワ属、マタタビ属、キハダ、ブドウ属、ミズキ、タラノキ、ニワトコ、ササゲ属アズキ亜属アズキ型が検出されています。周辺環境を示すものとしては、縄文晩期にはタデ属（ヤナギタデ）が多く、湿潤な土地だったことが分かります。やがて近代にはタラノキ・アカザ属・カタバミ属などの水田雑草が見られることから、この土地が水田として開墾されたことが分かります。

　花粉分析の結果（図4上）、縄文後期まではクリ・コナラ亜属が優勢で、イネ科草本域が上層に向かって増えていきます。これは、縄文人が樹木を伐採し日の当たる環境を作り出していったことが予測されます。縄文晩期にはトチノキが優勢となり、クリからトチノキへ資源利用が変わったことが分かります。近世になるとマツ属やスギが増加し、造林が成立していたとみられます。また水田と畑地の雑草花粉も増加し、先の種子同定の結果に対応しています。表土は水田雑草の花粉が減少します。

　植物珪酸体分析の結果（図4下）、多雪地域に多いササ属（おもにチマキザサ節）が優勢で、近世以降、シバ属やススキ属など草原的な植生に変化することが分かります。

### （2）大川添（3）遺跡

　この遺跡では古代の住居内のかまどにあった焼土を分析しました。種子は検出されませんでしたが花粉分析の結果（図5）、クリが主体的でトチノキのほか、周辺植生を示すコナラ属コナラ亜属、ハンノキ属、ブナ属、スギが見られました。クリやトチノキの花粉の特徴から、これらは食料利用のために付近に生えていたものと考えられます。植物珪酸体分析ではイネが水田に匹敵するほど、高密に検出されました（図6）。

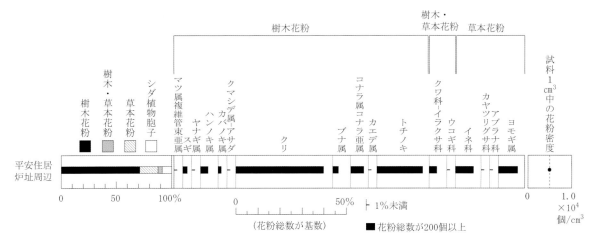

**図5．花粉分析の結果**（大川添（3）遺跡）

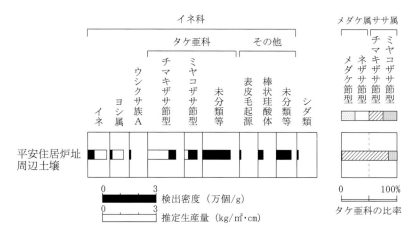

図6．植物珪酸体分析の結果

## 4．考古学から見た白神山地の自然環境の変遷

　このように、この地域へのヒトの自然への関与は少なくとも縄文中期より始まっていたことが分かりました。おそらく、この地域では大規模な集落が形成され始める縄文前期後葉（5,000年前）からコナラ亜属を含むブナ林を開発し始めたと見られます。クリの花粉は風媒ではなく局所的に分布する点が特徴です。よって、両遺跡ともクリが多いというのは、ヒトが意図的に介在しない限り、起こりえない状態といえます。同様なことはトチノキでもいえます。トチノキは谷部などの湿性を好み、群落を作りません。丘の上にある捨て場から沢山見つかったということは縄文人が食べ物として利用していたことが分かります。

　しかも、今回同じ縄文時代でも利用した食料資源が大きく変化したことがわかりました。まず、後期後葉（3,600年前）まではクリを利用していたと見られます。ところが晩期後半（2,900年前）になると、トチノキが主体となります。さらに晩期にはウルシ近似種やイネ科（含ヒエ）など栽培種が現れます。

　古代以降（1,000年前）、クリやトチノキのほか、イネがかなり利用されていたことが分かります。ただ遺跡付近は急峻な地形であることから陸稲の可能性や藁を別の場所から持ち込んだ可能性も考えなくてはなりません。さらに周辺が畑地化するにつれ、雑草類が増加します。近世以降、マツ属などの二次林やスギの造林や水田が成立したと見られます。

　下部植生は時期を通じてササ属優占で、縄文時代から雪の多い土地であったことが分かります。マタギは冬の雪の中で猟を行いますが、すでにその背景は、縄文時代には築かれていました。石鏃や石槍の存在からはおそらく、冬に狩猟を行った縄文人の姿が浮かび上がってきます。

　本研究に際して、青森県埋蔵文化財調査センターから試料の提供にご協力を賜りました。記して感謝申しあげます。なお本研究はJSPS科研費24720349の助成を受けたものです。

## 参考文献

1）青森県埋蔵文化財調査センター．2006．川原平（1）・（4）遺跡 大川添（2）遺跡 水上遺跡．青森県教育委員会．
2）青森県埋蔵文化財調査センター．2014．大川添（3）遺跡．青森県教育委員会．

# 9. 白神山地とのかかわり
## ―狩猟、マタギ、山の利用―

白神マタギ舎
小 池 幸 雄

## 1. 白神山地とのかかわり

　私がこの地にやってきたのは、弘前大学に入学した1988年（昭和の最後の年）のことでした。それ以来、白神との関わりを持ち続けていますが、当初はまさかこれほど長い付き合いになるとは思ってもみませんでした。

　入学してすぐに入ったのが、弘前大学体育会探検部（図1）で、この部のメインフィールドが白神でした。神奈川出身の私はどこまでも続くブナ林や、とても清澄な沢に衝撃を受け、魅了されました。当時の白神は青秋林道建設問題で揺れていて、テレビの取材などが頻繁にあり、しばしば白神の奥地まで入ることもありました。しかし、奥地には林道はおろか登山道さえありません。そこで案内人として雇われたのが、白神を最もよく知る人々、マタギでした。また、何日も山に入るとなると、撮影機材、野営の道具、食料など装備の量は膨大になります。それら装備を担いで山の中を歩ける人がいないか、相談を持ちかけられたのが、探検部の顧問をしていた弘前大学農学部の牧田肇教授でした。「ちょうどいい奴らがいる」ということで私にも声がかかり、マタギと呼ばれる人たちと知り合うことになりました。牧田教授の植物調査にも同行させていただき、希少植物（図2、3）の生えている場所や、様々な植物について教えていただきました。白神山地でクマゲラ調査を行なった本州産クマゲラ研究会からも声をかけてもらい、クマゲラの巣探しで随分歩きもしました。探検部で地図とコン

図1. 探検部の白神における活動

図2. 希少植物の宝庫　静御殿

図3. エゾハナシノブ

パスを使った読図の技術を叩き込まれたおかげで、野鳥の会の人から、イヌワシをはじめとする、猛禽類調査にも誘われました。弘大卒業時にはマタギ（図4、5）に弟子入り志願しましたが、そのとき生計の途としてガイド業も紹介されました。2000年には、マタギ2家族と我が家の3軒6人で白神マタギ舎を設立、ガイド（図6）をするとともに、環境省と青森県自然保護課から世界遺産地域の巡視業務（図7）を委託され、巡視員としても山を歩いています。津軽ダム建設に伴う環境アセスメントの一環としての猛禽類調査や、新たに設立された青森イヌワシ調査会のメンバーとして、イヌワシやクマタカ（図8）などの猛禽類の調査もしています。また新たな問題として持ち上がってきた、ニホンジカの西目屋村内における越冬地調査なども行いました。

図4. 目屋マタギ　工藤光治

図5. 目屋マタギ　工藤茂樹

図6. 早春の大川をガイド

図7. 巡視中に出会ったニホンザル

図8. クマタカ　ペア

## 2．マタギの伝統を受け継ぐ

　私が師事したのは工藤光治と、その甥の工藤茂樹、目屋マタギと呼ばれる人々で、今はダムに沈んでしまった砂子瀬集落に住んでいた人たちです。マタギとはどういう人たちかというと、山の恵みで生活してきた人々ということでしょうか。厳しい掟を守り、白神の自然を知り尽くし、資源を守り伝えてきた人たちです。

### （1）クマ撃ち

　マタギにとって一年のうちでもっとも大切な行事が、クマ撃ちです。山に入る時期は4月下旬から5月初旬（図10）の、長くて2週間程度です。季節的にはちょうど冬から春へと移り変わる（図11、12）頃です。この時期は山は残雪に覆われ、雪崩が頻発します。

　以前は世界遺産地域にあたる場所に何か所もマタギ小屋（図9）があり、そこをベースにクマ撃ちをしていましたが、現在、世界遺産地域内に小屋を建てたり、猟をすることが禁止されているため、遺産地域外のマタギ小屋を利用するか、テントを張って猟をしています。

　行動中はマタギ言葉を使い、小声でしゃべります。クマは聴覚が優れているためです。また常に風向きに気を付けますが、これもやはりクマの嗅覚が非常に鋭いためです。クマ探しですが、むやみに歩き回るわけではありません。ツキ場（図13）を目指して歩きます。ツキ場というのは、昔からの長年の経験から、ここへ行けばクマがいる確率が高いという場所です。実際どのような所かというと、南向きの急斜面で、雪が早く消え、山菜やブナなどがいち早く芽吹くため食料があり、急崖を好むキタゴヨウ

図9．マタギ小屋

図10．4月末の白神遠望

図11．4月末，まだ芽吹いていない

図12．図11と同じ所　5日後

（常緑樹）のおかげで、まだ芽吹かない落葉樹林よりも、姿が見えづらい、などクマにとって様々なメリットがある場所なのです。

　ツキ場といっても広いので、沢を挟んだ対岸からクマを探します。運よくクマを見つけると（図14）作戦を立てます。クマまでの距離は？風向きは？対岸から撃つのか？巻き狩りか？とにかく、できる限り近づいて、一発で仕留めるのが理想です。

　運よくクマが授かると、これを里に降ろすために解体します。まず皮を剥ぎ（剥ぎ方にも作法があります）、その皮を使って"逆さ皮"（図15）という、クマを天国に送る儀式をします。その後解体していきますが、心臓を開かないと死んだことにはならないという言い伝えがあり、まずは心臓（＝サンベン）を、呪文とともに開きます。また、最も大切な部位である熊胆（目屋マタギはユウタン（図16）と呼ぶ）を取り出し、その上部の細いところを紐（ミヤマイラクサの繊維から作ったもの）で縛っておきます。そのあと部位ごとに解体していきます。解体が終わると背負って（この時も作法があります）歩き出すのですが、ベースまで何時間もかかり、着いたら真夜中、ということもざらです。

　クマが授からないことも珍しいことではなく、たとえ一頭も授からなくても、5月5日前後には山から下りてきます。いつまでもクマ撃ちに執着することを、目屋マタギは"押しマタギ"と呼び、これを嫌います。

　授かって里に下りてくると、次はクマ鍋です。家族や親しい友人を招いて、クマ鍋を囲み、クマ撃ちの話に花を咲かせます。余った肉は、クマ撃ちに参加した仲間で、平等に分けます（マタギ勘定）。

## （2）山菜採り

　クマ撃ちが終わると、次は山菜採りです。その時々の旬のもので、最もいいものを、必要な分だけい

図13. クマのツキ場

図14. ブナの芽を食べるツキノワグマ

図15. 逆さ皮という儀式

図16. ユウタン

ただきます。採ってすぐ食べるものと、冬用に塩漬けするものです。種類は、コゴミ、ヤマウド、アザミ、シドケ、ゼンマイ、タケノコ、ワラビ、フキ、ミズ、ワサビ等多岐にわたります。

　採り方は種類によって違います。例えば、ヤマウドは金気を嫌うので、金属の刃物を使わない、ゼンマイは男ゼンマイ（＝胞子葉）を残す、フキ（図17）は根元で切るが、茎の中央の穴に水が溜まって根が腐ってしまうので、切れ目を入れて穴をつぶす、ワサビの根は成長に時間がかかるので、2〜3株しか採らない、などです。

　基本は生えている山菜の3割〜1/3だけいただく。来年再来年、さらには次世代のことまでも考え、最もいいものだけをいただき、決して採りすぎない、というものです。これこそまさに持続可能な資源利用なのです。

### （3）魚捕り

　以前は6月頃、遡上するマスを、川に潜り、ヤスで突いて捕っていました。それを塩漬けにして冬用の食料にしたのです。現在は、各河川にダムや堰堤があり、海と分断されているため、この伝統は途絶えました。今は泊まりで山に入った時に、たまに手掴みでイワナを捕る（図18）くらいです（ただし、世界遺産地域は禁漁です）。

　捕ったイワナは焚火（図19）で焼きますが、薪の並べ方も独特です。マタギ流は薪を井桁に組まず、川の字に並べます。また火にも神様がいるという考えから、焚火でゴミを燃やすことは禁じています。

### （4）キノコ採り

　春から秋まで様々なキノコが生えますが、メインシーズンは秋です。よく採るキノコは、ヒラタケ、キクラゲ、マスタケ、マイタケ、ブナシメジ、ムキタケ、ナメコなどです。

　マイタケ採りはキノコ採りの中でも別格の感じでしょうか。マイタケ（図20）はミズナラの巨木、古木の根元に生えますが、そのミズナラはかなりの急斜面に生えていることが多く、そこに登るにはかなり危険を伴います。また、非常においしく高価なことから、マイタケを見つけた時の喜びは一入で、舞い踊ってしまう、というのが名前の語源になっているほどです。ちゃんと採ってやれば、2年ごとに同じ木から生えてきます。山奥で大物が採れ

図17. フキ採り　6月下旬

図18. 手掴みで捕ったイワナ

ると、それを壊さずに下界に降ろすのは困難ですが、昔から伝わる、現地に生えているクロモジを使ってマイタケの包み（納豆のつとを大きくしたようなもの）を作る、というやり方で、マイタケを傷つけずに山から降ろすことが可能です。

　晩秋には、ブナやイタヤカエデなどの朽木にナメコ（図21）が生えます。これらを、木の樹皮を傷つけないよう、刃物で丁寧に切り取ります。

## （5）狩猟期間（11/25〜2/15）

　冬の狩猟対象は、カモ類、ヤマドリ、ノウサギ、それにニホンジカなどです。

　普通ノウサギ（図22）は、多くの人員を二手に分け、山の上方に撃ち手を配し、下方から音を出して上へと追い上げ、これを撃つ、というやり方ですが、目屋マタギは違います。

　"忍び撃ち"といい、1人ないし少人数で静かに動き、雪に開いた穴に隠れるウサギを見つけ、これを撃つ、という方法です。真っ白な雪に隠れる白いウサギを見つけるのは非常に難しく、高度な技量を要求されます。

　何年か前から白神にもニホンジカが進出してきました（第17章参照）。2019年には環境省の依頼で西目屋における越冬地を調査しましたが、一か所だけ、角と思しき痕跡が雪面に残されているだけでした。しかし、ニホンジカは今後、白神でも確実に増えてくると思います。白神の生態系を守るためにも、ニホンジカの駆除には協力したいと考えています。

図19. 捕ったイワナを焚火で焼く

図20. マイタケ大豊作

図21. ナメコ　刃物で丁寧に切り取る

図22. ノウサギ（撮影　工藤光治）

## 3．今後について

　目屋マタギの伝統文化はとても奥深く、まだまだ学ばねばならないことが山ほどありますが、何とかこれを守り、伝えていくことが、私にとって最も重要なことだと思っています。

　師匠を含め、白神の地に住んでいる人たちが、口をそろえて言うことが、「数十年前はイワナの数がものすごかった、渕という渕が真っ黒なくらい群れていた」ということです。その頃に比べ、今は激減していると言います。密漁者の対策は、白神山地の巡視員として、大きな課題です。

図 23. イヌワシ（若鳥）

　イヌワシ（図 23）は全国的に個体数を減らしています。白神は森林の被覆率が高く、イヌワシにとっては厳しい索餌環境といえます。このような状況下でイヌワシの個体数や生態はどう変化するのか、引き続き調査していきます。

　これから、植生調査やニホンジカ対策など、協力してできる分野が色々あると思うので、弘前大学とも連携し、白神山地を見守っていきたいと思います。

# 10. 白神山地の植物

## ―シラネアオイの生活史特性―

農学生命科学部　国際園芸農学科

本　多　和　茂

## 1. はじめに

　白神山地には多くの植物が生活しています。では、それらの植物は白神山地の自生地でどのように生活しているのでしょうか？ここでは「シラネアオイ」という植物を例に、植物が白神山地で実際にどのように繁殖し（子孫を残し）、そして生き延びているのかを考え、理解し、生物、特に植物の保全・保護に関わることについても理解を深めましょう。

## 2. シラネアオイってどんな植物？

　シラネアオイ（*Glaucidium palmatum* Sieb. et Zucc.）はシラネアオイ科シラネアオイ属に分類される植物で、日本の代表的な「固有種」（日本にしか分布、自生しない植物種）の一つです[1]。本州中部以北、北海道に分布し、亜高山帯から高山帯下部の林床のやや湿った場所に自生しています[2]。白神山地においても随所で自生が確認されており[3]、弘前大学白神自然環境研究所附属白神自然観察園内においても自生が見られます。標高やその年の雪解け、春の気候にもよりますが、4月下旬～6月にかけて開花し、5～8cmの大きな浅青味紫～鮮紫ピンク色（日本園芸植物標準色票No. 8305～8904）の花は、明るい林内ではひときわ目を惹く美しい植物です。そのため、山野植物の中では深山の「女王」とも呼ばれ、知名度も高く、古くから親しまれています。花弁に見えるのは、実はがくで4枚、花弁はありません（図1）。

　しかし一方では、生育環境の悪化や盗掘などによる自生地の減少も問題となっています。青森県内においては現在も山野に豊富な分布が認められ、指定保護植物にはされていませんが、一部の都道府県では絶滅危惧種（絶滅の危険が増大している種）あるいは危急種（絶滅の危険性が高いと判断される種）に指定されています[4]。国内各地域に自生する植物地域個体群[*1]の保全は種多様性の維持に不可欠であり、またそれは生物多様性を保持するために重要です。したがって、生物多様性の保全のため

図1. 白神山地に自生するシラネアオイ

にも、それぞれの地域の個体群の保全が必要と考えられます。この保全には法制度や行政などの社会的問題が絡むことは言うまでもありませんが、その一方で、生物学的な情報の蓄積は不可欠と考えられます。本種が自生する白神山地においても、当該地域の個体群のより良い保全のため、生育環境、分布実態、生活史特性および個体群動態[*2]などの把握が必須です。私たちも白神山地に自生するシラネアオイについて、その生活史特性の把握に関わる様々な調査や実験を行ってきました[5~7]。また、さらなる

知見の集積を目的とし、現在も調査を継続しています。以降では、これまでに明らかになってきたことや今後の課題など、実際のデータなども示しながら、紹介していきます。

## ３．シラネアオイの生活史特性

「生活史特性」とは？

　どのように生き延び、またどのように繁殖する（子孫を残す）のか？いわば、生存と繁殖のスケジュール、すなわち、植物の「生き方」「一生」の特性ということになります。

### （１）シラネアオイの生活史特性の概略

① 多年生植物である＝何年も生きることができる。

② 種子（タネ）による繁殖と地下部を太く横に這う根茎による栄養繁殖とを共に行うことができる。

　すなわち、シラネアオイは、多回繁殖型（一生のうちに何回も自身の子孫を残すことができる）の多年生植物ということになります。この多回繁殖型多年生草本は、高等植物の中でもっとも多彩な生活史を示すと考えられています[8]。すなわち種子繁殖に加え、地下茎による栄養繁殖も行うことができるため、個体群内では種子繁殖により親とは異なる遺伝子型を持つジェネットと栄養繁殖により親と全く同じ遺伝子型を持つラメットが混在し、集団は多様な遺伝的組成および齢によって維持されているものと考えられます。それでは、実際にどのように繁殖を行っているのでしょうか？まず種子による繁殖について見てみましょう。

### （２）種子繁殖について

① 種子繁殖が行われる器官である「花」の特徴について

　図１に示したように、シラネアオイは非常に目立つ大きな美しい花を咲かせます。通常は一つの個体が一つの花を咲かせます。この一つの花の中には雄しべと雌しべの両方を有していて、これを「両性花」と呼びます。このようにシラネアオイは両性花であるため、自家受粉（同一個体内の花で雄しべの花粉が雌しべに受粉されること）による自殖（自家受粉によって種子ができること）も可能と考えられます（図２-A）。雄しべの葯が開葯し、花粉が出ている様子が確認できます。少し横から見ると図２-Bに示されるように、開葯時に雌しべの先端部である柱頭が雄しべの葯に隠れるように位置し、また花糸（葯を支えている部分）が非常に柔軟なため、昆虫が花を訪れることやあるいは風によっても容易に花の中で受粉がなされるであろうと想像できます。

② 受粉〜受精に至るまで

　花は植物にとって「種子」いわば自身にとっての子孫を作る大事な器官であることは言うまでもあり

図２．シラネアオイの花の中心を詳しく見た様子

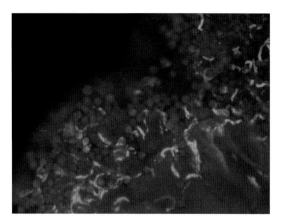

図3．シラネアオイ雌しべ柱頭への受粉花粉
　　　およびその発芽の様子

ませんが、その種子を作るために花ではどんなことが行われているのでしょうか？言い換えるならば、種子を作るためにどんなことが必要なのでしょうか？　それは①でも触れたように、まず雌しべの柱頭に花粉が受粉されること。次に受粉された花粉が発芽して花粉管を伸長させて、雌しべのさらに内部に侵入し、「受精」が起こることが必要となります。受精が完了することによって、その後、種子が発達していくことになるのです。

　それでは、白神山地の自生地においてシラネアオイでは自然条件下でどのくらい受粉がなされているのでしょうか？肉眼では雌しべにどれだけの花粉が受粉されているのかを確認することはできませんが、図3をご覧下さい。これは雌しべの柱頭を蛍光顕微鏡という少し特殊な顕微鏡で観察した画像です。円く見える「つぶつぶ」が受粉された花粉（大きさは1mmの40分の1程度）で、所々「ぐにゃぐにゃ」と光って見えているものが、発芽した花粉の花粉管です。このように、自然条件下で多くの花粉が受粉され、また受粉された花粉の多くが発芽して花粉管を伸長させていることがわかります。ところで、シラネアオイの雌しべに花粉はどのようにして届けられ（受粉され）ているのでしょう？実はまだ確かなことは分かっていません。花にやって来た昆虫かもしれませんし、あるいは自然に吹く風が同じ花の中の雄しべの花粉を雌しべに届けているのかもしれません。また、雌しべに届けられる花粉は同じ花の中の雄しべから来ているのか、あるいは少し離れた他の（個体の）花から来ているのか？子孫である種子の特性を大きく左右する重要なことですが、これもまだはっきりとは分かっていません。さて、次に図4を見てみましょう。少し倍率を下げて雌しべの柱頭とその下部を見た画像です。発芽した花粉の花粉管は束になってさらに内部へと伸長している様子がわかります。伸長していった花粉管はさらに雌しべの内部（図5）、子房（しぼう）へと進み、やがて受精が起こります。

　実際にシラネアオイの雌しべを切り開いて見たものが図5です。子房内には将来の種子になる元である胚珠が含まれていて花粉管が伸長してきて受精されるのを待っています。花粉管が子房内部に伸長した後、さらに胚珠に到達し、受精が起こる様子を見てみましょう（図6）。図3、4と同じく蛍光顕微鏡を用いた観察像になります。

　花粉管が子房内の胚珠付近まで伸長してきて、さらに図6のピンクの矢印部分で胚珠に侵入している

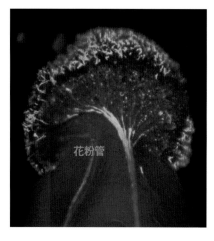

図4．雌しべ柱頭での花粉の発芽および花粉管伸長

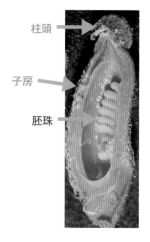

図5．雌しべの断面

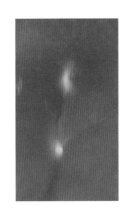

図6．子房内へ花粉管が伸長してきた様子　　　　図7．花粉管の胚珠への侵入＝受精

のが確認できます。拡大すると図7になります。光っているのが侵入して来た花粉管で、これが受精の瞬間です。このように受粉から受精までの過程を経て、それによってはじめて子孫である種子が形成されていくことになるのです。

　このように、シラネアオイは自然条件下で充分な受粉がなされており、また、受粉された花粉により受精が行われ、それにより、種子形成すなわち種子繁殖が行われているものと判断されました。一方で、先にも触れたように、このような白神の自然条件下におけるシラネアオイの柱頭上への豊富な受粉がどのようになされているのか、あるいはどのような昆虫（動物）が花粉媒介を行っているのかは不明です。今後、自生地におけるより良い保護・保全や生物多様性の維持について考えていく上で、植物の花とそれを利用する一方で花粉媒介を担う昆虫との共生関係の解明もやはりとても重要であり、本種においても今後の課題と言えるでしょう。

③ 種子ができてそれが散布されるまで

　受精が完了するといよいよ種子ができてきます。この頃はもう外見は「花」という感じではなくなっているので、もしかしたらあまり意識して見る人はいないかもしれません。花が咲き終わった後、花という器官の雌しべの子房の中では、植物にとっての大事な子孫である種子はゆっくりと時間をかけて作られていきます。シラネアオイの場合は4〜5ヶ月程もかけて種子が作られているようです（図8）。

　それでは、シラネアオイでは一つの花あたり、いったいどのくらいの種子が作られるのでしょうか？内部の種子が充実した果実を採集し、切り開いて調べてみると、多い場合で40を越えるたくさんの種子が含まれています（図9）。さらに詳しく見てみると図10左のように、「充実した」種子と同図右のように「充実できなかった」種子があることがわかります。「充実できなかった」種子はその後発芽することはできません。

　植物にとって大切な子孫である種子は、その後いよいよ親植物から離れ、「散布」されることになり

開花終了後間もない頃の果実，まだ古くなった雄しべが残っTついています．

4ヶ月程度

長い期間をかけて内部の種子が充実し，それに伴い，果実もゆっくり大きくなってきます．

さらに
0.5〜1.0
ヶ月程度

内部の種子および果実がさらに充実し，やがて果実の両端が裂開して種子散布に備えます．

図8．開花（受精）終了後の子房＝果実の肥大生長の様子

図9．果実内部の種子の様子

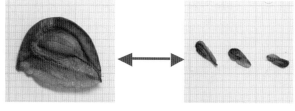

図10．シラネアオイの種子

ます（図11）。この種子の散布は自分自身では動くことができない植物にとって自分の仲間の分布を拡大させるための一大イベントと言えます。シラネアオイは実際にどのように種子を散布しているのでしょうか？またその効率はどの程度のものでしょうか？シラネアオイの種子は軽くて薄く、また風に飛ばされやすいような翼（よく）がついていることから、自然に吹く風に散布を委ねているのではないかと考えられます。

④ 種子の発芽～

　親植物から離れ散布された種子は翌年発芽し、芽を出します（図12）。人工的な栽培条件下では、80％を越える発芽率を示しましたが、白神山地の自生地ではどのくらいの種子が発芽できているのでしょうか？また発芽した後、どのくらいの個体が生き残り花を咲かせることができるのでしょうか？自然条件下では、発芽から4～5年かけて開花に至るといわれています。発芽～開花に至るまでの過程、特に生存率は、「個体群動態」を大きく左右する要因であり、その理解は、それぞれの地域個体群の特徴を理解する上でとても大切なことといえます。

### （3）栄養繁殖について

　（1）でも触れたように、シラネアオイは種子による繁殖を行う一方で、地下部の根茎による栄養繁殖を行うことも可能です。その実際を見てみると図13のようにごく近くに二つの花が咲いている場合、掘り上げて地下部を見てみると図14のように根茎がつながっていて、もともとは一つの個体であることがわかります。このように、シラネアオイは栄養繁殖によっても増えて仲間を増やすことができるのです。時々白神山地の山の中でもシラネアオイが群生している光景に出会いますが、それはこの栄養繁殖によるものかもしれませんね。

図11．種子散布間際の様子

図12．発芽の様子

左2枚は発芽間もない頃の様子で，まだ種子の「から」を付けています．

 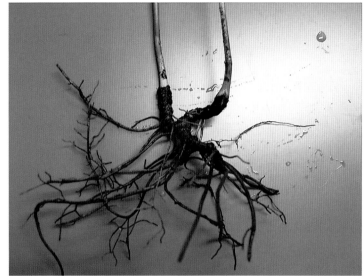

図13. 花を二つ咲かせたシラネアオイ　　　図14. 図13の個体の地下部の様子

## 4．まとめ

　これまで見てきたように、種子繁殖と栄養繁殖、両繁殖方法が可能なシラネアオイですが、自生地では実際にどのように繁殖を行っているのでしょうか？ 繁殖は子孫を残すためにとても重要で、その繁殖に成功するか否か、あるいはその効率は個体群の存続や特性を大きく左右する要因でもあるため、その解明は今後より良い保全を検討していく上でも不可欠であると考えられます。

［用語の解説］

＊1 個体群（こたいぐん）：ある空間内に生息する同じ生物種の個体の総体。例えば白神山地のブナ個体群といった場合、白神山地に生息する全てのブナを指し示すことになる。

＊2 個体群動態（こたいぐんどうたい）：（ほぼ同じ意味の用語が個体数変動、個体群変動、人口動態）個体群における時間経過に伴う個体数の変動。個体群動態には齢分布、サイズ分布、個体の空間分布などの変動が伴う。

## 参考文献

1 ）寺林進，1990．特集：日本の固有植物　シラネアオイ．植物の自然誌プランタ 7: 17–21.

2 ）佐藤泰・田村道夫，1994．シラネアオイ属．塚本洋太郎（総監修）．園芸植物大事典 2．小学館，東京．pp. 1172–1173.

3 ）牧田肇・齋藤宗勝・八木浩司・斉藤信夫，1990．白神山地の地形・植物相・植物群落．平成元年度科学研究費補助金（総合A）研究成果報告書（研究代表：掛谷誠）「白神山地ブナ帯域における基層文化の生態史的研究」．

4 ）RDBプランツ・ジャパン，2010．植物レッドデータブック COMPLETE．（http://www.RDBPlants.jp）（2014 年 4月 3日アクセス）．

5 ）本多和茂，2008．シラネアオイの生活史特性―白神山地の植物のはなし―．弘前大学農学生命科学部附属白神山地有用資源研究センター（編集）．白神山地の魅力．弘前大学出版会，弘前．pp. 27–34.

6 ）本多和茂・石川幸男，2011．白神山地に自生するシラネアオイの種子繁殖に関わる基礎的研究．白神研究 **8**: 24–31.

7 ）本多和茂・石川幸男，2011．白神山地に自生するシラネアオイの生活史戦略―開花と個体サイズ―に関する基礎的研究．白神研究 **8**: 32–39.

8 ）可知直毅，2004．生活史の進化と個体群動態．寺島一郎他（著）．植物生態学．朝倉書店，東京．pp. 189–233.

# 11. 春に咲く花達

農学生命科学部附属白神自然環境研究センター

## 山 岸 洋 貴

## 1. はじめに

　白神山地の春は雪融けと同時に訪れます。それまでの雪模様と入れ替わり、たくさんの可愛らしい花達が大地を彩り、一気に賑やかな季節を迎えます。ここでは、白神山地の春に咲く植物の紹介とその中でも春植物とよばれる多年生草本植物について簡単に解説します。

## 2. 白神山地の春の訪れ

　白神山地では3月中旬になると温かな日光が差し込むことが多くなり、それまで積もっていた雪が少しずつ融け始めます。白神山地は、日本海側の典型的な多雪地域に位置しますが、鰺ヶ沢、深浦、八峰町などの標高の低い沿岸地域では、海流の影響で冬も比較的暖かく、最大積雪深は平均45cm[※1]ほどしかありません。このため、3月下旬頃には雪が消失し、フクジュソウ（キンポウゲ科）やカタクリ（ユリ科）といった植物の開花を観察することができます。一方、東側の内陸部西目屋村などでは積雪量が豊富で、多い年では最大3m程[※2]まで積もることがあります。このような地域では、積雪が多い年には4月下旬頃になって、ようやく雪が消えた地面から植物達が顔を出します。また標高の高い1000m付近では6月中旬まで残雪が地面を覆っており、そこでは遅い春を迎えることになります。

## 3. 白神山地で雪融けと共に咲く花々

　早春、森の中では根開き（ねびらき　図1）と呼ばれる現象を目にします。これは暖かな日差しが樹木の幹を温め、その熱が幹回りの雪を溶かすために生じます。外気温が5℃に満たなくとも、サーモグラフィーを見ると樹木の表面が30℃ほどまでに温められている様子が分かります（図2）。根開きは結果として局所的な雪融け時期の不均質性を生じさせます。この根開きが白神山地で大きくなり始めるこ

図1. 根開きの様子　西目屋村川原平

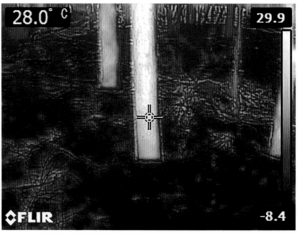

図2. サーモグラフィーでみた早春の林内

　黄色から紫の色の変化で温度を表わす．中央の柱状のものが樹木の幹で，28℃に温められていた．この時外気温は5℃程で周りの雪はほぼ0℃だった．

図3．マルバマンサクの花
　a：開花の様子．b：花のアップ　葯が裂開し花粉が大量に生産されているのが分かる．

図4．マルバマンサクの花に訪れる昆虫
　このほか，ユスリカやヤドリバエの仲間の訪花が観察された．

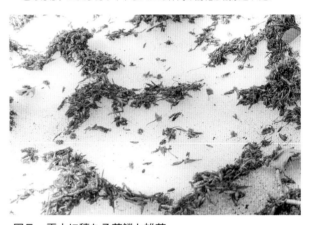

図5．雪上に積もる芽鱗と雄花
　開花量は年変動があり，多い年には大量の雄花が降り積もる．

図6．イワウチワ
　別名「地桜」と呼ばれる．

　ろ、春一番に花を咲かせる樹木があります。特徴的な形をした黄色い花弁を持つこの植物は、マルバマンサク（マンサク科）といいます（図3）。このマルバマンサクが咲くころ、まだ外気温が氷点下を下回ることが珍しくありません。なぜ、このような時期に花を咲かせるのでしょうか。また、どのように繁殖しているのでしょうか。花の構造を見るかぎり、花粉が風によって遠くに飛ばされ、またそれを受け取っているようには見えません。白神山地で行われた野外観察の結果、この季節でも寒気の緩む日中に、主にユスリカなどの双翅目の昆虫達がこの花に訪花していることが明らかになりました（図4）。これらの昆虫達が受粉にどのくらい貢献するのかは明らかではありませんが、おそらくこのような小さな昆虫達が花粉を運んでいると考えられます。

　マンサクの開花後しばらくすると、ブナの芽吹きが始まります。この芽吹きと同時にブナの花が咲きます。ブナは1つの枝に雌花と雄花を別々につける雌雄異花同株です。ブナの花が多く咲く時は、林床の残雪の上一面、芽鱗とともにたくさんの役割を終えた雄花が落ちています（図5）。この頃、バッコヤナギ（ヤナギ科）をはじめとするヤナギ類、オオヤマザクラなどの樹木も咲き始めます。

斜面の積雪が少ない所や根開きの場所では、多年生草本であるオオイワウチワ（イワウメ科：図6）、キクザキイチゲ（キンポウゲ科）、カタクリ（ユリ科）、アキタブキ（キク科）などが次々と花を咲かせます。これらは雪の消失からわずか数日～十数日以内に一斉に開花し、春の林床を白銀の世界からお花畑へと一変させます。ちょうどこの頃、多くの昆虫達も長い冬から目覚め活動を始めます。様々な種類のハナアブ類（ハナアブ科）や冬眠から覚めたマルハナバチ類（ミツバチ科）の女王、ホバリングしながら吸蜜するビロードツリアブ（ツリアブ科）などがせっせと春のお花畑を飛び回る姿を観察することができます。また雪融け水で潤う小川や湿地でも、エゾノリュウキンカ（キンポウゲ科）、ネコノメソウの仲間（ユキノシタ科）、ミズバショウ（サトイモ科）、ザゼンソウ（サトイモ科）などが花を咲かせ始めます。

図7．湿原に咲くミズバショウ

図8．フクジュソウ

## 4．春を生き抜く工夫　熱を集めるフクジュソウ

まだ僅かに雪が残る明るい林床で黄色くひと際目立つフクジュソウの花が観察することができます（図8）。福寿という名前の縁起の良さもあって江戸時代より園芸にも用いられてきた植物です[1]。このフクジュソウとその仲間は、日本列島からロシア沿海地方、朝鮮半島に分布している多年生草本で、白神山地周辺では主に標高の低い明るい森林の中に生育しています。

フクジュソウは、昆虫に花粉を運んでもらう虫媒花であり、繁殖の為に昆虫に訪花してもらう必要があります。しかし、花が咲く頃は、まだ外気温は低く活動する昆虫も種類が限られています。そこで積極的に太陽の方向を向き、日の出から日の入りまでその軌跡を追いかけ、パラボラアンテナのような花で太陽の熱を集めて

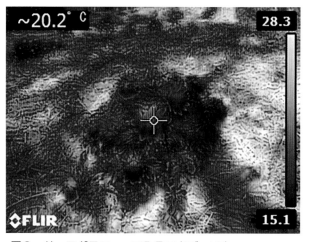

図9．サーモグラフィーでみるフクジュソウ

中央紫部分はフクジュソウの葉や茎．その真ん中に円形に黄色くなっているのが花．
日差しが強い林内では，周りの落ち葉などがより温められて温度が高くなっていた．撮影時の外気温は約15℃で花は約20℃．

います。このことによって花という温かな場所を昆虫に提供し、訪花率を高めていると考えられています[2]。このように太陽の方向を追いかける性質を向日性といいます。実際に太陽の方角を向いた花は、向いていない花と比較するとたくさんの昆虫が訪花していたことが明らかになっています[3]。暖かな早春にサーモグラフィーでフクジュソウの花を見てみると葉や茎の部分に比べて花の部分が温められているのが分かります（図9）。

また受粉のみならず、受粉後の花粉の発芽や花粉管伸長は低温よりも20℃前後でもっとも促進され

るため[5)]、早春の低温期に積極的に花を温めることには、訪花昆虫へのアピールのみならず受粉後の結実にも関係する重要な意味があります。ちなみに向日性の植物はこのフクジュソウのほか、同じように低温条件下に生育する高山植物のチョウノスケソウ（バラ科）などが知られています[4)]。

## 5．春の妖精「春植物」

　春早く咲く植物の中には、一年のうち早春から初夏にかけてのみ地上での活動を行う春植物と呼ばれる植物達があります。これらの植物は、一斉に雪融け直後の早春のお花畑を形成し、1～2ヶ月ほどであっという間に地上から姿を消すことから「spring ephemeral」（春の妖精）などとも呼ばれます。白神山地の代表的な春植物はカタクリ、キクザキイチゲ、フクジュソウ、ニリンソウなどで、主にブナやミズナラ、カエデ類の優占する森林の林床に生育しています（図10）。

　世界的に見ると春植物は主に北半球中緯度温帯地域に位置する落葉広葉樹林帯の林床に生育しています。落葉広葉樹とは、生長に不向きな季節に葉を落とし、休眠状態で過ごす広葉樹のことをいいます。温帯の落葉広葉樹は、冬に低温で活動が不適になるため、葉を落とします。種によって展葉を開始する時期は多少異なりますが、春から初夏にかけて徐々に葉をつけ、秋まで葉を茂らせます。このため落葉広葉樹林では、この展葉の季節変化に伴って、その林床は光環境が大きく変化することになります。早春の頃は樹木の展葉がまだ始まっておらず太陽の光が林床まで届きやすくなっていますが、約1～2ヶ月後の初夏までには樹木の葉が生い茂り、光の大部分が樹冠で遮られてしまいます。林冠が閉鎖した森林の林床は、光が遮られていない林外に比べて僅か数％の光量しかありません。春植物は積雪や低温という制限を抱えつつ、光資源が豊富な僅かな春に生長と繁殖活動を行っているのです。

　春植物はそのほとんどが塊茎や鱗茎といった地下貯蔵器官を持った多年生の草本植物です。1つのシーズンでの光合成による資源獲得が限られている春植物は、芽生えてすぐに繁殖活動をすることができません。貯蔵器官に資源を蓄え、数年かけて成長し、やがて充分な資源を利用できるようになると繁殖を開始します。春植物はephemeral（短命）な植物ではなく、開花までに数年を費やし、その後も何度も繁殖を続けることができる長生な植物なのです。

　またこれらの春植物は送粉や種子散布などに動物、特に昆虫が関わることが多いことも知られていま

図10．春の林床の様子

　明るい林床にカタクリ（ピンク色），本州型エゾエンゴサク（白～紫色），キクザキイチゲ（白色）などの春植物が一斉に開花する．

図11．エゾエンゴサクに訪花したエゾオオマルハナバチ

　エゾエンゴサクの蜜は距と呼ばれる花器後部にある突起の中に貯まっている．昆虫がこの蜜を吸うためには，花の正面から長い口吻を用いる必要がある．写真中のエゾオオマルハナバチは口吻が短く，正面から蜜を吸うことが難しい．そこで，距に直接穴をあけ，そこから蜜を吸う．これを盗蜜といい，雄蕊や雌蕊にほとんど触れずに蜜を吸うため，植物にとっては困りものである．

す。例えば、エゾエンゴサク（ケシ科：図11）などは豊富な蜜を生産し、早春に昆虫達へ資源を提供します。エゾエンゴサクの花はマルハナバチが花の正面から訪花すると上手く花粉がハチの体に付着する仕組みになっており、次に訪花する花へと花粉を運んでもらいます。また、結実期には種子の付属体であるエライオソームにアリが誘引され、アリが種子を巣の近くまで運びます[5]。林床では運ばれる距離は遠くても1.7mほどにすぎませんが、植物にとっては生育地内の親子、兄弟競争の回避や生育地拡大という点では大きな意味があると考えられます。エライオソームを生産する植物はカタクリやフクジュソウなどの春植物を含む多くの分類群でみられます。

多群にわたる春植物型の生活史を持つ植物の進化過程は、はっきりとわかっていません。仮説として第三紀のある時期にまず夏に休眠する冬緑性の多年生草本植物が登場し、第三紀後半以降に生じた夏冬の寒暖差の中で、それらの一部で光要求や生理的な特性の面で条件の合ったものが春植物へと進化したのではないかと考えられています[6]。

## 6．まとめ

近年の地球規模での気象変動は、白神山地の春の様子を大きく変える可能性があります。例えば、降雪量や気温の変化は春に咲く植物達の開花時期へ直接反映されます。さらに花粉の送粉や種子の散布に関わる動物たちの行動を変化させることで間接的な影響を受けるものと考えられます[7]。原生的な自然が残る白神山地では、これらの影響が植物達にどのように反映されるかをモニタリングするのに適している重要な場所であるといえます。

※1 気象庁深浦特別地域気象観測所の2000〜2013年までのデータより算出
※2 西目屋村川原平　弘前大学白神自然観察園の2012年の観察データより

## 参考文献

1）河野昭一（監修），2004. フクジュソウ　植物生活史図鑑Ⅱ　春の植物2．北海道大学図書刊行会，札幌．pp. 1-8.

2）工藤岳，1999. パラボラアンテナで熱を集める植物：太陽を追いかけるフクジュソウの花．大原雅（編著）．花の自然史．北海道大学図書刊行会，札幌．pp. 216-226.

3）Kudo, G., 1995. Ecological significance of flower heliotropism in the spring ephemeral *Adonis ramosa* (Rununculaceae). *Oikos* **72**: 14-20.

4）Wada, N., 1998. Sun-tracking flower movement and seed production of mountain avens *Dryas octopetala* L. in the High Arctic Ny-Ålesund, Svalbard. *Proceedings of the NIPR Symposium on Polar Biology* **11**: 128-136.

5）Ohkawara, K., Ohara, M. & Higashi, S., 1997. The evolution of ant-dispersal in a spring-ephemeral *Corydalis ambigua* (Papaveraceae): timing of seed-fall and effects of ants and ground beetles. *Ecography* **20**: 217-223.

6）河野昭一，1988. 季節と植物，植物の世界．*Newton special issue* **1**: 124-129.

7）Kudo, G. & Ida, TY., 2013. Early onset of spring increases the phenological mismatch between plants and pollinators. *Ecology* **94**: 2311-2320.

# 12. 白神山地のキノコ

農学生命科学部　分子生命科学科

**殿 内 暁 夫**

　白神山地などの森林生態系において地上部の生態系を支える縁の下の力持ち「微生物」。その中でも植物の一生に深く関わっているキノコについて紹介します。

## 1．キノコとは？[1]

　菌界の中で担子菌や子嚢菌に分類される菌類は、その生活環に胞子を形成する時期があります。胞子は特殊な構造に形成されますが、その構造が肉眼で観察できる特徴的な外観を持つ場合には特にキノコと呼ばれます。

　キノコと聞くとテングタケ（図1）のように柄の尖端に傘が開き、傘の下にヒダがあるものをイメージすることでしょう。しかし、キノコの形は多様で、これがキノコ？というものもたくさんあります。ヒダの表面には担子器という細胞があり、その上に胞子が作られます。胞子が作られるヒダのような部分を子実層托といいますが、子実層托がシロヌメリイグチ（図2）のように孔状のものや、サガリハリタケ（図3）のように針状のもの、チャホウキタケ（図4）のように明確な構造をつくらないものなど様々です。面白いのは自力で立ち上がることができず草の茎に這い登るロウタケ（図5）のようなキノコもいます。

図1．テングタケ

図2．シロヌメリイグチ

キノコは胞子を遠くに飛ばすことが役目なので、その役目を終えると多くの場合はキノコバエの幼虫やナメクジの格好の餌場になりますが、多年生のツリガネタケ（図6）のように何年も生きて胞子を飛ばし続けるものもいます。以上は担子菌に分類されるキノコですが、子嚢菌のキノコもナガエノチャワンタケ（図7）のようにお椀状のキノコ（子嚢盤といい、椀の内側に子嚢胞子が形成されます）をつくるものや、冬虫夏草の仲間であるカメムシタケ（図8）のように綿棒のようなキノコ（子座＝ストロマといい、表面の子嚢殻の中に子嚢胞子が形成されます）など担子菌キノコと同様に形は様々です。

図3．サガリハリタケ　　　　　　　　　図4．チャホウキタケ

図5．ロウタケ　　　　　　　　　　　図6．ツリガネタケ

図7．ナガエノチャワンタケ　　　　　　図8．カメムシタケ

## 2．キノコの本体とは[1]

　ツリガネタケのような多年生のキノコは例外的な存在で、多くの場合キノコは菌類の生活環のごく一時期にしか形成されません。それでは、大半の時期をどのような形で過ごしているのでしょうか。実はキノコの本体（栄養体＝菌糸体）は目に見えない菌糸から出来ています。菌糸は非常に細いので目に

見えませんが、多数の菌糸が集まると目に見えるようになります。古くなった餅やパンには色とりどりのカビが生えてきますが、あれも一つの胞子が発芽し、菌糸が分岐しながら増えた結果目に見えるようになったものでコロニーと呼ばれます。菌糸体は土の中や枯死木の中で増殖するので目にすることは難しいように思われますが、土から生えたキノコの根元を少し掘り返したり、キノコの生えた落葉を引っ繰り返してやると簡単に見つかります（図9）。キノコには胞子をつくる役目がありますが、菌糸体の役目は何でしょうか。それは栄養を摂って増えることにあります。それでは菌糸体はどのように栄養を摂るのでしょう？

図9．落葉の下の菌糸束

## 3．キノコの栄養の摂り方[1]

　ここでは簡単に栄養を炭素源に限定して説明します。菌糸体が成長するためには体を作るもととなる炭素源を必要とします。私達ヒトと同じように菌類は有機物を炭素源およびエネルギー源とする化学合成従属栄養生物ですので、周囲から有機物を得なければなりません。キノコを作る菌類の有機物の獲得の仕方により大きく三つに分類されます。一つ目は腐生菌（生物を腐らせる＝生物を分解する）といい、生物の遺体や生物の代謝物などに由来する有機物を利用するグループです。二つ目は寄生菌で生物の体から有機物をいただくグループです。最後の三つ目は共生菌といい、他の生物から有機物をもらうだけではなく、菌類の方からも何かのお返しをするグループです。それぞれ代表的な種を例示してみます。

　ハナオチバタケは広葉樹の落葉から発生するホウライタケ科の担子菌キノコですが、菌糸体は落葉に含まれる有機物を分解・摂取して成長することから落葉分解菌と呼ばれ、基本的に生物由来の有機物（落葉・落枝）を利用するので腐生菌に分類されます。

　食用キノコのナラタケ（青森ではサモダシ、北海道ではボリボリと呼ばれます）は落枝や埋木などの有機物から栄養を得ることが出来るので腐生菌に分類されることもありますが、宿主となる植物の根から侵入して宿主から栄養を奪うので寄生菌にも分類されます。山菜愛好者には大変喜ばれますが、ヒノキやケヤキなどの有用樹木にナラタケ病を引き起こすので林業関係者には厄介者扱いされるキノコです。ナラタケは以上のような植物に対しては強面である一方で、無葉緑ランのツチアケビ（図10）の根の細胞で消化・吸収されてしまったり、タマウラベニタケ（図11）に取りつかれるという弱い面もあり、研究対象としては非常に興味深いキノコです。

図10．ツチアケビ

図11．タマウラベニタケ
本菌に寄生されて丸く奇形しているナラタケが右下に見える．

ハナイグチはカラマツの樹下でのみ発生する子実層
托が孔状のキノコでカラマツとの間に共生関係を築い
ています。ハナイグチはカラマツの根の皮層に菌根とい
う構造を形成してカラマツから光合成産物である糖を
もらい、そのかわりに菌糸体を地中に伸ばしてカラマツ
の根が届かないところから水分や無機物（特にリン酸）
を吸収してカラマツに与えます。菌根にはラン型菌根、
ツツジ型菌根、アーバスキュラー菌根など菌根の形成様
式によって様々に分類されますが、樹木と菌根性の担子
菌が形成する菌根は菌糸が宿主細胞内に侵入しないの
で外生菌根と呼ばれます。ギンリョウソウ（図12）は
葉緑体を持たない真っ白な草本植物です。光合成が出来

図12. ギンリョウソウ

ないのでベニタケ科の外生菌根菌を自身の根に住まわせ、外生菌根菌が宿主の木本植物から供給された
光合成産物（糖）を頂くというちゃっかりした生存戦略をとっています。

## 4．形からだけでは分からないキノコの名前

キノコは長い間、見た目（肉眼的形状）と顕微鏡で拡
大した特定の構造（顕微的構造）の形で分類・同定され
てきました。ところが近年、ゲノムのDNA配列情報が
分類に応用されるようになり、これまでの分類法では
様々な矛盾が生じてきたため新たな分類体系が提唱さ
れています。現在ではリボソームの小サブユニット遺伝
子と大サブユニット遺伝子の間の塩基配列「ITS領域」
がキノコの分類・同定における最重要情報になっていま
す。形に基づく分類によって創設されたキノコの種が複
数種の混同種であることがDNA配列
情報によって明らかにされた例を紹介
しましょう。

写真（図13）は西目屋村の白神自
然観察園内でみつけた、ミズナラの倒
木から発生するムキタケです。ムキタ
ケは優秀な食菌で癖がないので山菜と
して人気のあるキノコです。写真のよ
うに傘が黄色いタイプと緑のタイプが
ありますが、大まかな形はよく似てい
てどちらも一括りにムキタケとされて
いました。確かに形は似ているのです
が、歯ごたえは緑タイプのほうが強い

図13. ミズナラ倒木から発生したムキタケ

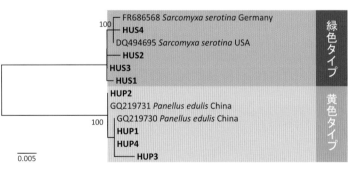

枝上の数値はブートストラップ値、スケールバーは座位あたりの塩基置換数を示す.

図14. ミズナラ倒木から発生したムキタケITS領域の配列に
基づく黄色型・緑色型ムキタケの最尤系統樹
HUP1～4は黄色タイプ，HUS1～4は緑色タイプ.

印象を受けます。この二つのタイプのITS領域の配列に基づいて系統樹を作成してみると、緑タイプ
は *Sarcomyxa serotina* と黄色タイプは *Panellus edulis* とそれぞれ同一のクレードを形成していました
（図14）。そこでより詳細に調べてみると、傘の下のゼラチン層が緑タイプの方が厚いことや、緑タイ

プの柄の表面が鱗状であるのに対して黄色タイプは絨毛状であるなどの違いがありました。さらに、緑色タイプと黄色タイプは交配することができず、生物学的種概念に基づけば別種であると判断せざるを得ません。日本の図鑑ではムキタケの説明は黄色タイプの特徴に基づいて行われていましたので、黄色タイプを「ムキタケ」としました。ムキタケに与える学名は上述の *Panellus edulis* が考えられましたが、分子系統解析により *Sarcomyxa* に所属を移し、*Sarcomyxa edulis* としました。緑色タイプは比較的遅い時期に発生を開始することから「オソムキタケ」とし、学名としては *Sarcomyxa serotina*（serotina は遅いという意味）を与えました。この研究成果の発表（2014 年）[2] 後に出版された図鑑にはムキタケとオソムキタケが別種として掲載されています。

## 5．白神山地とキノコ

　白神山地ではキノコは何をしているのでしょうか？もちろんキノコの役割を全て知ることはできませんが、おおまかに重要な役割を説明してみましょう。セルロース・ヘミセルロース・リグニンは木の主成分で、特にセルロースとリグニンはとても分解されにくいという特徴があります。キノコを作る菌類の中には褐色腐朽菌と白色腐朽菌（まとめて腐朽菌）と呼ばれるものがいて、前者はセルロース・ヘミセルロースを、後者はセルロース・ヘミセルロース・リグニンを分解することができます。褐色腐朽菌は全て担子菌でホウロクタケやクロサルノコシカケといった食用にされない硬いキノコが多く、白色腐朽菌の多くは担子菌ですが一部にクロサイワイタケなどの子嚢菌もいます。白色腐朽菌はカワラタケ、ツリガネタケ、コフキサルノコシカケなどの硬いキノコを作る種が多く含まれますが、マイタケ、ムキタケ、ヒラタケといった柔らかく食用にされるキノコをつくる種もいます。リグニンを完全に分解できる生物は白色腐朽菌だけですし、褐色腐朽菌は非常にセルロースの分解力が強く、どちらも木を土に戻すために大きな役割を果たしています。もしキノコがいなかったら地上は瞬く間に分解されない植物遺体で覆われてしまうでしょう。木を土に戻すのが腐朽菌の役割ならば、木を育てるのは上で述べた菌根菌の役割です。白神山地の生態系を知るためにはキノコのことをもっと知る必要がありますが、その研究に関しては緒についたばかりで知見は極めて限られているのが現状です。

　私は 2012 年から学生と一緒に白神山地キノコの研究を開始し、まずは白神自然観察園のキノコインベントリー（詳細な目録）を作成しています。このインベントリーを白神山地のキノコに関する生態・分類・利用に関する研究の基礎資料にすることを目指しているので、単なる目録ではなくキノコの名称、採取日、GPS による位置情報、発生状況、乾燥標本、培養菌体、遺伝子情報を収める詳細なものになっています。2020 年 8 月現在で、388 標本（白神山地全体を含めれば 422 標本）を収めていますが、その半数近くが新種あるいは日本新産種（国内では報告されていない種）であることは想定外のことでした。上で紹介したムキタケのこともインベントリーを作成の過程でわかったことです。わずか 18ha の観察園で発生するキノコでさえこのような状況ですので、白神山地全体では想像もできないくらい多くの未知のキノコが生息していることでしょう。

**参考文献**
1）国立科学博物館（編），2014．菌類のふしぎ（第 2 版）．東海大学出版部，平塚．
2）斎藤輝明・殿内暁夫・原田幸雄，2014．ムキタケ *Sarcomyxa edulis* comb. nov. とオソムキタケ（新称）*S. serotina* の生物学的特徴と分子系統解析．日本菌学会会報 **55**: 19-28．
3）大作晃一（写真）・吹春俊光（監修），2015．くらべてわかるきのこ　原寸大．山と渓谷社，東京．
4）深澤遊，2017．キノコとカビの生態学．共立出版，東京．

# 13. 多雪地域におけるブナの開芽時期とその生態学的特徴

農学生命科学部　生物学科

石　田　　清

## 1．はじめに

　北日本の日本海側地域は、北半球の北緯40°付近の低標高地のなかでは、北米北東部とともに突出して雪が多い地域です[1]。この地域には、積雪深が1mを超える山地において落葉広葉樹のブナが優占する森林、すなわちブナ林が見られます[2]（図1）。したがって、日本海側地域のブナ林は、温帯の多雪域というユニークな気候条件の下で成立した森林生態系といえます。白神山地のブナ林は、そうした森林生態系の一画をなしています。このような温帯多雪域の森林で優占している木本種は多雪環境によく適応していて、その結果として、この地域の森林生態系は様々な生態的特徴を示します[3]。例えば、ブナは、寡雪地で優占する樹種に比べて強大な雪圧に対する耐性が高いです。また、ブナ林の低木層には冬期の凍結・乾燥に弱い常緑広葉樹種が多く見られます[4]。開葉・落葉の季節性（フェノロジー）についてみると、寡雪地の落葉樹林では消雪後に樹木が開芽しますが、積雪が多くて雪解け時期が遅いブナ林では、積雪上でブナが開芽します（図2）。また、寡雪地の落葉樹林では低木層が高木層よりも先に開芽しますが、多雪地のブナ林では逆に高木層の方が先に開芽します[5]。このようにユニークな森林生態系は、現在進行中の気候温暖化の影響をどのように受けるのでしょうか？これまでの研究によると、気候温暖化によって温帯以北の山岳地域において雪解けの時期が早くなり[6]、また、日本の大部分の地域で積雪深が減少すると予測されています[7]。温帯多雪域の森林生態系についても、長期的・持続的な管理と利用を図るためには、多雪環境に対して樹木がどのように適応しているのかを理解したうえで、今後の積雪減少や雪解けの早期化が温帯多雪域の樹木群集の成長・生存・更新にどのような影響を及ぼすのかを予測する必要があります。そこで、本章では、多雪地の森林で優占するブナに注目して、多雪環境に対する適応とその制約を開芽時期の視点から考察します。

## 2．落葉樹の開芽時期を決める環境要因

　ブナの開芽の季節性についてみる前に、温帯産落葉樹の開芽時期と環境要因との関係について概観してみましょう。落葉樹の開芽のタイミングを制御している生理学的メカニズムは複雑で、いまだに解明

**図1．多雪地のブナ林**
（八甲田山系八幡岳 2016.3.16）

**図2．積雪上でのブナの開芽**
（八甲田山系八幡岳 2019.5.26）

されていない部分が多いのですが、一般に、落葉樹の開芽時期に影響する主な環境要因は樹冠部の温度と日長であると考えられています。樹冠部の温度と日長については、冬〜春の積算温度、秋〜春の冷温日数、及び春の日長という3つの要因が開芽時期を規定していると考えられています[8]。樹木は基本的に、冬芽内の茎頂と幼葉の成長にある程度の高温が必要です。このため、これらの組織の成長速度が他の環境要因の影響を受けないと仮定すると、日々の有効温度（日平均気温−閾値温度）の積算値が種ごと・地域ごとに決まったある値に達したときに開芽します。ここでは、開芽に必要となるこのような有効温度の積算値を「開芽積算温度」と呼びます[*1]。例えば、東北地方産のブナが岩手県で育てられた場合、有効温度の積算値が約140℃・日となった日に開芽します[9]。したがって、冬芽の中の組織の細胞分裂の速度と温度との関係が変わらない限り、ブナは春の平均気温が高いシーズン（冬〜春）や場所ほど早く開芽することになります。一方、冷温日数と日長は、このような開芽日の年変動と場所間変異の幅を小さくするように作用します。例えば、冷温日数は、9月1日から翌年の開葉日までの期間における冷温日（日平均気温が0〜5℃の日）の合計日数を指し[*2]、冷温日数が多くなるほど冬芽内の組織の内生休眠の解除時期が早くなると考えられています。このため、冷温日数が少ない（すなわち、温暖である）シーズンや場所ほど開芽積算温度が大きくなります。また、日長も開芽積算温度に影響し、開芽が期待される時期の日長が短い（つまり、温暖で開芽時期が早い）シーズン・場所ほど開芽積算温度を大きくするように作用します[10][*3]。以上のように、開芽日は温度と日長の影響を受けるため、ブナの開芽・展葉の季節性とその生態学的特徴を明らかにしたい場合、これらの要因を考慮する必要があります。

## 3．積雪上でブナが開芽する条件

　それでは、春のブナ林の積雪と温度についてみてみましょう。まず、春の融雪量と温度との関係について見ると、ある期間における融雪量はその期間の積算気温[*4]とほぼ比例関係にあります[11]。したがって、最大積雪深が大きい場所ほど消雪が遅くなり、消雪時の気温は高くなることが期待されます。例えば、青森県にある八甲田山系では、積雪が多かった2013年の標高590〜600mの2地点についてみると、最大積雪深（3月の積雪深）が360cmの場所は300cmの場所よりも消雪日が12日遅くなりました（ここでは、地表面の50%で消雪が完了した日を「消雪日」と呼びます）。また、北日本の山地で

図3．風下斜面の吹き溜まり（八甲田山系八幡岳 2018.6.8）

は、標高が高くなるほど気温が低下して降雪量が増え、最大積雪深が増加する傾向があるため、標高が高い場所ほど消雪は遅延し、消雪時の気温が高くなることが期待されます。さらに、冬期には北西季節風が卓越し、山地・尾根筋の風下斜面（東〜南東向き斜面）や平坦地の凹地に雪が吹き溜まるため、そうした場所でも消雪が遅延します（図3）。以上のように、冬期の降雪量が多い山地の高標高域や北西季節風の風下斜面では、季節が進行して樹木が旺盛に成長できる程度に気温が高くなっても積雪が見られることになります。

　一方、積雪深が5mを超えるような場所であっても、樹高が20m以上になる落葉樹林の樹冠は埋雪しません。このため、気温が上昇して有効温度の積算値が開芽積算温度に達しても消雪が完了しない多雪地では、積雪上で樹木が開芽することが期待されます。例えば、八甲田山系のブナ林についてみると、標高500m以上で最大積雪深が2mを超える場所において積雪上での開芽が見られます。また、同じ標高域でも、北西季節風の風下斜面の方が風上斜面よりも積雪上での開芽が起こりやすいです。

## 4．消雪の遅延がブナの開芽日に及ぼす影響

　以上のような多雪地で生じる消雪の遅延は、ブナ成木の開芽日にどのような影響を及ぼしているのでしょうか。なお、ここでは、樹木の樹冠全体の50%のシュートにおいて芽鱗が開いて新葉の葉身が見えるようになった日を「開芽日」と呼びます（図4）。まず、積雪が気温を介して開芽日に及ぼす影響についてみると、積雪は日射を効率よく反射するため、積雪面は暖まりにくく、このために林冠部の気温が低下します。例えば、春に積雪がある地域では、積雪が無い近隣の地域に比べて日平均気温が3〜4℃低くなります[12]。このようにして日々の有効温度が減少するため、消雪が遅延している場所では消雪が早い場所に比べて開芽積算温度に達する日が遅れ、開芽も遅延することになります。また、積雪が地温を介して開芽時期に及ぼす影響も問題になります。東北地方において消雪が遅延している場所では、気温が10℃以上になっても融雪中の積雪の温度はほぼ0℃であるため、積雪下の土壌の温度も0℃に近くなります。一般に落葉樹の根の成長は3℃を下回ると抑制されることから[13]、積雪下のブナの根についても低温によって成長が抑制されている可能性があります。また、消雪が遅延している平坦地の積雪下では、雪解け水による湛水が生じます。このように湛水が生じている場所では、低温のみならず酸素の欠乏によっても根の活動が抑えられているかもしれません。開芽開始時の幼シュートの伸長や展葉には水が必要であるため、以上のようにして根の成長や活動が抑制されると、開芽や展葉の進行が遅延すると予想されます。そうなると冬芽内の組織の単位積算温度あたりの成長量が小さくなることから、消雪が遅延している場所では、消雪が早い場所に比べて開芽積算温度が大きくなると期待されます。それでは、消雪が遅延しているブナ林では、以上のような開芽の遅延と開芽積算温度の増加が生じているのでしょうか？

## 5．ブナの開芽日と開芽積算温度の場所間変異

　以上の視点から、著者は2011年以降、現在に至るまで八甲田山系の12地点のブナ林に自動撮影カメラと温度ロガー、及び積雪深計を設置してブナの開芽日（1地点あたり2〜4個体の開芽日の平均値）、消雪日、気温、及び最大積雪深を観測するとともに、調査区画を設定して幹の肥大成長量と種子生産量の測定を続けています。ここでは、同山系の山腹斜面中標高の6地点（標高590

図4．ブナの開芽
（八甲田山系八幡岳 2019.5.26）

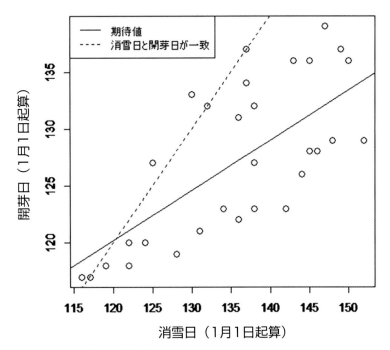

図5. 消雪日とブナの開芽日との関係

　図中のプロットは2011〜2015年の八甲田山系6地点（山腹斜面；標高590〜
650m）の観測値を示します．実線は開芽日の期待値（消雪日を説明変数とし，年をランダム
効果とする線形混合モデルの期待値）で，同一シーズンにおける場所間変異の傾向を示してい
ます．点線は原点を通る傾き1の直線で，観測値が点線上にある地点は，開芽日と消雪日が一
致していることを示します．これら2本の直線は，直線の交点のx座標よりも消雪日が長い地
点において，消雪が遅くなるほど積雪上での着葉期間（［消雪日］−［開芽日］）が長くなるこ
とを示しています．

〜650m）において5シーズン観測したデータを用いて、ブナの開芽日及び開芽積算温度と消雪日との
関係を分析した事例を紹介します。

　まず、地点ごとの開芽日（5シーズンの平均値）は123〜129日（1/1起算日）であり、開芽が最
も早い場所と遅い場所で6日間異なっていました。一方、これらの地点の消雪日の平均値は129〜139
日（1/1起算日）であり、最も早い場所と遅い場所で10日間異なっていました[*5]。そこで、開芽日
と消雪日との関係を分析すると、同一シーズンにおいて消雪が遅い地点ほど開芽も遅くなる傾向が見ら
れました[*6]（図5）。また、消雪が遅い地点ほど積雪上での着葉期間（［消雪日］−［開芽日］）が長く
なる傾向も認められました。開芽日と消雪日の関係についてのこれらの分析結果は、消雪の遅延が気温
と地温の低下を介して開芽を遅らせるという上述の予想と矛盾していないといえます。しかしながら、
開芽日と消雪日は両方ともに気温の影響を受けるため、この結果は、これらの観測値の間の見かけの相
関（これらの観測値の間に因果関係が無いにも係わらず、両要因に影響する他の要因によって因果関係
があるように見えること）を示している可能性があります。そこで、気温の影響を受けにくいと考えら
れる開芽積算温度と消雪日との関係を、冷温日数の影響も考慮した統計モデルを用いて分析した結果、
やはり消雪が遅い地点ほど開芽積算温度が大きくなる傾向が認められました（図6）。この結果は「消
雪が遅延している場所では消雪が早い場所に比べて開芽積算温度が大きい」という前節で示した予想と
合致していて、消雪が遅い場所において開芽時の冬芽内の組織の成長が抑制されていることを示唆して
います。以上の推論を検証するためには、長期観測に基づいた年度間変異の分析に加えて除雪処理等の
野外実験が必要です。また、これらの開芽積算温度の場所間変異には、表現型可塑性のみならず、遺伝
的な変異も関わっている可能性があります。

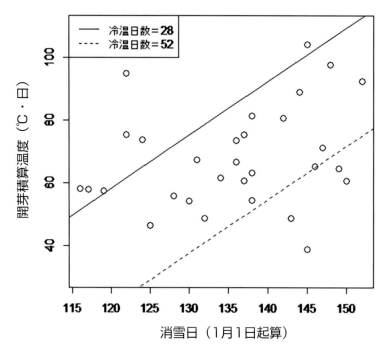

図6．消雪日とブナの開芽積算温度との関係

　　図中のプロットは6地点の観測値を示します（詳細は図1参照）．実線と点線は，それぞれ
冷温日数が28（最も暖かったシーズンの6地点平均値）と52（最も寒かったシーズンの
6地点平均値）の場合の期待値（消雪日と冷温日数を説明変数，シーズンをランダム効果とす
る線形混合モデルの期待値）で，同一シーズンにおける場所間変異の傾向を示しています．

## 6．気候温暖化と多雪山地のブナ林

　以上の事例は、北日本の多雪山地では気候温暖化の進行によって消雪日が早まると、ブナ林の開芽日
が気温の上昇から予測される以上に早くなる場所があることを示唆しています。ヨーロッパの落葉樹で
示されているように[14]、開芽時期の早期化は着葉期間の長期化を介してブナ林の一次生産量にプラス
の影響をもたらす可能性があることから、今後のさらなる検討が必要です。一方、消雪の早期化がブナ
林の種組成に及ぼす影響は、消雪の早期化に伴ってブナと他樹種との関係がどのように変わるかによっ
て決まります。このため、多雪山地のブナ林に及ぼす気候温暖化の影響を予測するためには、ミズナラ
などの主要他樹種の季節性・成長・生存に及ぼす積雪環境の影響についての研究も進めていく必要があ
ります。

*1　開芽積算温度は、ある起算日から開芽日までの期間における日ごとの有効温度の積算値（有効温度が0よりも大
　　きい日の値のみを積算した値）のことを指します。単位は度・日となります。起算日と閾値温度は、種や集団ご
　　とに決まる値で、ブナ属の場合、起算日と閾値温度をそれぞれ1月1日、5℃と仮定して開芽積算温度を計算す
　　ることが多いです。
*2　起算日は11月1日と仮定することもあります。「冷温」は種ごとに異なる値ですが、落葉広葉樹は0～5℃と仮
　　定する事例が多いです。
*3　ブナ属の開芽積算温度は日長の影響を受けますが、日長の影響を受けない樹種も多いです。
*4　積算気温は、1時間ごとの気温が0℃以上の時間について、その時間の平均気温を積算した値のことを指します。
*5　これらの調査地点のブナ成木の根元周囲については、「根開け」によって消雪日よりも1～2週間前に消雪が完了
　　していました。
*6　標高差を考慮した線形混合モデル（消雪日と標高を説明変数とし、シーズンをランダム効果としたモデル）によ
　　る分析でも同様の傾向が認められました。

**参考文献**

1）大丸裕武，2002．世界に誇る多雪山地．梶本卓也・大丸裕武・杉田久志（編著）雪山の生態学 東北の大と森から．pp. 13-26. 東海大学出版会，秦野．

2）福嶋司（編著），2017．図説 日本の植生（第2版）．朝倉書店，東京．

3）本間航介，2002．雪が育んだブナの森―ブナの更新と耐雪適応―．梶本卓也・大丸裕武・杉田久志（編著），雪山の生態学 東北の山と森から．東海大学出版会，秦野．pp. 57-73.

4）酒井昭，1982．植物の耐凍性と寒冷適応―冬の生理・生態学―．学会出版センター，東京．

5）丸山幸平，1979．ブナ林の生態学的研究（33）．高木層の主要樹種間および階層間のフェノロジーの比較．新潟大学農学部演習林報告 **12**: 19-41.

6）工藤岳，2014．気候変動下での山岳生態系のモニタリングの意義とその方向性．地球環境 **19**: 3-11.

7）気象庁，2017．地球温暖化予測情報 第9巻．気象庁ホームページ，（https://www.data.jma.go.jp/cpdinfo/GWP/Vol 9 /pdf/all.pdf）（2020年10月31日アクセス）．

8）Fu, Y. H., Zhang, X., Piao, S., Hao, F., Geng, X., Vitasse, Y., Zohner, C., Peñuelas, J. & Janssens, I. A., 2019. Daylength helps temperate deciduous trees to leaf-out at the optimal time. *Global Change Biology* **25**: 2410-2418.

9）Osada, N., Murase, K., Tsuji, K, Sawada, H., Nunokawa, K., Tsukahara, M. & Hiura, T., 2018. Genetic differentiation in the timing of budburst in *Fagus crenata* in relation to temperature and photoperiod. *International Journal of Biometeorology* **62**: 1763-1776.

10）Zohner, C. M., Benito, B. M., Svenning J-C. & Renner S. S. 2016. Day length unlikely to constrain climate-driven shifts in leaf-out times of northern woody plants. *Nature Climate Change* **6**: 1120-1123.

11）日本雪氷学会（監修），2005．雪と氷の事典．朝倉書店，東京．

12）大畑哲夫，1995．積雪と積雪現象．前野紀一・福田正己編．基礎雪氷講座Ⅱ．pp.153-188. 古今書院，東京．

13）Larcher, W., 2003. Physiological Plant Ecology: Ecophysiology and Stress Physiology of Functional Groups. Springer.

14）Peñuelas, J., Filella, I. & Comas, P., 2002. Changed plant and animal life cycles from 1952 to 2000 in the Mediterranean region. *Global Change Biology* **8**: 531-544.

# 14. 白神に棲息するプラナリアの知見から出発した生殖様式転換機構に関する研究

農学生命科学部　生物学科

小　林　一　也

## 1．はじめに

　皆さんは「性（sex）」とはどういう意味かと尋ねられたとするとどう答えますか？男や女、♂♀、性別などと答える方が多いのではないかと思います。もちろん、その答えは間違いではないのですが、「同種の二個体間で遺伝子を混ぜ合わせる」という広義の意味があります。私たちヒトを含めた哺乳類は必ず精子と卵子が受精することで新たな生命がつくられます。まさに同種の二個体間で遺伝子を混ぜ合わせていますから、性が有るわけです。一方で、「新たな生命がつくられる」ことを「生殖」といいます。これらのことをあわせて「有性生殖」といいます。哺乳類の生殖様式が有性生殖に限定されているために見過ごされがちですが、性を伴わないで生殖が起こる「無性生殖」を行なう動物も多く知られています。そして、有性生殖と無性生殖を環境要因や世代で切り替えているものがほとんどで、生殖様式を有性生殖あるいは無性生殖に限定しているものの方が例外といっても大げさではありません。

　本章では、私が学生時代に知った白神に棲息するプラナリアの知見が動機となり、その後約20年間の生殖様式転換機構の研究を支えるきっかけとなった実験系の確立について紹介します。この章を通じて、動物が多種多様な生殖戦略で子孫を残していることを生殖生物学と発生生殖生物学の両面から興味を持ってもらえることを期待しています。

## 2．後生動物（多細胞動物）の無性生殖

### （1）　配偶子を必要とする無性生殖—単為生殖（parthenogenesis）

　単為生殖はミツバチ、アリマキ、ミジンコといった節足動物やワムシ類、脊椎動物では魚類、爬虫類などで見られ、♂（精子）を必要とせずに発生が卵だけで出発します。また、精子が介在する場合もあって、ある種の両生類や魚類では雌の産んだ卵が近縁種の精子によって付活化されて発生が開始されます。精子核（雄性前核）は受精卵から除去されるため、事実上、単為生殖が起こっていることになります。この方法は精子依存性単為生殖とよびます。単為生殖は配偶子形成という点で一見、有性生殖と区別することが難しいのですが、子の遺伝子セットが親のものと同じになることから、進化生物学・生殖生物学的に無性生殖に分類されます。

### （2）　配偶子を必要としない無性生殖

　配偶子を必要としない無性生殖では、増殖能力をもった分化多能性幹細胞を有し、それから組織や器官を新生して新たな個体をかたちづくります。微視的にみれば、この場合の無性生殖は再生現象にほかならないのですが、そのきっかけが偶然の突発的事故によるものではなく、生活史にプログラムされている点で修復再生とは異なります。後生動物では、海綿動物、刺胞動物、扁形動物、環形動物、苔虫動物、内肛動物、棘皮動物、半索動物、脊索動物などほとんどの動物門にこのタイプの無性生殖を行うものがいます。

## ３．無性生殖のパラドックス

　有性生殖と無性生殖にはそれぞれメリットとデメリットがあります。有性生殖は無性生殖に比べて遺伝的多様性をつくりやすいのですが、無性生殖に比べて繁殖スピードが遅い上に生殖コストがかかると考えられています。実際には有性生殖を行うものが圧倒的に多いです。一方、無性生殖でのみ繁殖する動物は有害遺伝子の排除ができないことから絶滅に至ると考えられており、その説明として、「マラーのつめ車説」といったようないくつかの仮説が提唱されています。このように、無性生殖生物は短期間に増殖する点では優れているものの多様性はつくりづらく、そして絶滅の運命を辿ると考えられています。しかし、前節で述べたように、ほとんどの動物群で無性生殖を行うものが少なからずいることも事実です。このことを「無性生殖のパラドックス」と呼び、どうして無性生殖動物の繁殖が成立しているのかという問題に対する研究がなされています。

　無性生殖のパラドックスに関して、DNAの半保存的複製機構で有名なM. Meselsonが、近年、ヒルガタワムシという動物を材料に成果を出しています。ヒルガタワムシは、少なくとも数千万年のあいだ無性生殖（単為生殖）のみで繁殖しつづけてきたことが実験的に示され、「Evolutional scandal」といわれています[1]。しかし、ヒルガタワムシのように全く有性生殖を行わないと考えられる生物は、後生動物では例外的で、ほとんどの無性生殖を行う動物は、世代や環境条件などに応じて有性生殖に切り替えることができるのです。私は２つの生殖様式を転換するメカニズムが、無性生殖動物の絶滅の運命を回避する仕組みとして働いているのではないかと考えています。

　配偶子を必要としない無性生殖動物でも、配偶子を必要とする無性生殖動物（単為生殖型動物）でも、世代や環境条件などに応じて有性生殖をする（有性化する）ことができるようです。環境条件の場合、一般的に、飢餓や温度変化など個体の生存を脅かす条件が有性化を促しており、生物学的に合理性があります。環境の変化（悪化）に対する動物の応答のひとつの結果が有性化だとすれば、そこにメカニズムの共通性があるかもしれません。配偶子を必要としない無性生殖生物であるヒドラの場合、温度が転換の重要な刺激となり、生殖器官が誘導されて有性生殖を行うようになります[2]。一方、単為生殖型動物であるミジンコの場合も温度が転換の重要な刺激となり、♂を生じさせて有性生殖を行うようになります[3]。

　多くの動物で無性生殖と有性生殖の転換現象の報告があるのですが、配偶子を必要としない無性生殖動物での転換に関するメカニズムはほとんど明らかとなっていません。それは環境要因による刺激で生殖様式の転換を誘導する安定した実験系が構築しづらいことに問題があると私は考えました。


## ４．プラナリアとは

　プラナリアという名前は、ラテン語で平坦という意味のplānāriusという語に由来していて、広義には扁形動物門渦虫綱の動物のことを指しています。しかし、皆さんがプラナリアと聞いて思い浮かべる動物は、おそらく、扁形動物門渦虫綱三岐腸目に属している淡水棲の渦虫類（ウズムシ類）ではないでしょうか？本章では淡水棲ウズムシ＝プラナリアとして扱っていきたいと思います。

　強い再生能力を持つことで知名度が高いプラナリアは、もっとも単純な体制をもつ左右相称動物で、中胚葉や集中神経系を獲得したはじめての動物として知られています。摂食時には、虫体中央部にしまわれている咽頭を腹側にある口から出して餌を食べます。肛門は存在しておらず、未消化物は口から吐き出します。プラナリアには血管系が存在していないため、栄養分の伝達という点で体中に走行している腸の体制は重要です。また、プラナリアは典型的な無体腔動物であり、筋肉、神経、排泄器官である原腎管といった器官の間は間充織でぎっしり埋められています。プラナリアの分化多能性幹細胞、ネオブラストは間充織を構成するある種の未分化細胞です。プラナリアの高い再生能力はこのネオブラスト

の存在と密接な関係があります。

## 5．青森県に棲息するプラナリア（ウズムシ）

　三岐腸目に属している淡水棲ウズムシ類に関して、日本では4科6属が確認されていて、約20種が同定されています[4]。青森県には3科5属7種が棲息していて、比較的、淡水棲ウズムシ類を採集しやすい地域です。ミヤマウズムシ（*Phagocata vivida*）、カズメウズムシ（*Seidlia auriculata*）、キタシロカズメウズムシ（*Polycelis sapporo*）は山間部でよくみられ、多数採集することができますが、研究室では4～10℃という低温で維持しなければならず、飼育には適していません。トウホクコガタウズムシ（*Phagocata teshirogii*）とキタシロウズムシ（*Dendrocoelopsis lactea*）は採集地が限定的で採集個体数もそれほど期待できません。低地でも採集できるのがイズミオオウズムシ（*Bdellocephala brunnea*）とナミウズムシ（*Dugesia japonica*）です。これらのウズムシは研究室でも15～20℃で維持することができます。イズミオオウズムシは有性的にのみ生殖可能ですが、研究室では産卵頻度や産卵時期が安定せず、また、孵化した個体が成熟するのに1年ほどかかるため繁殖させることが困難です。ナミウズムシは高等学校の教科書でもおなじみの三角頭のいわゆる「プラナリア」で、ナイフで細かく切断し、10～20断片にしてもすべて再生することができます。日本から発信されたプラナリアの再生研究成果のほとんどがこの種を材料にしています。

　ウズムシ類には淡水だけでなく、海水棲や陸棲のものもいます。陸棲ウズムシ（陸棲プラナリア）はリクウズムシ科に分類されており、形態的特徴によりさらに4つの亜科（ビパリュウム亜科、リンコデムス亜科、ミクロプラナ亜科、ゲオプラナ亜科）に分けられます[5]。日本ではビパリュウム亜科のウズムシが比較的種同定されていて、少なくとも20種が生息しています[4]。ビパリュウム亜科のウズムシは和名をコウガイビルというために環形動物のヒルと混同されることがありますが、全く異なる動物です。他の3亜科の動物の和名は何某リクウズムシになります。弘前大学白神自然観察園の周辺では、未記載と思われるコウガイビルが採集されています（図1）。

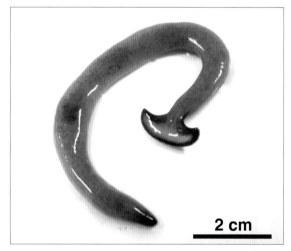

**2 cm**

図1．白神山地の陸棲プラナリア（コウガイビル）

## 6．プラナリアの生殖様式転換

　ある種のプラナリアは季節的に、おそらく水温の変化（低温）が重要な要因となって雌雄同体性の生殖器官を発達させます（有性化現象）。生殖様式を転換するプラナリアでは生殖器官が発達している個体を「有性個体」とよびます（図2）。有性個体には、前方部腹側に一対の卵巣、頭尾軸に沿って卵巣より後方の背側領域に精巣が散在しています（腹側領域に精巣がある種もいます）。プラナリアは雌雄同体ですが、咽頭の後方にある複雑な交接器官のおかげで物理的に自己の精子と卵子が出会わないようになっているので自家受精は起こりません。冬になるにつれて寒くなると交尾をして卵殻を産みます（図3）。親は厳しい環境で越冬できないかも知れませ

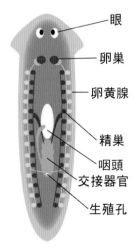

眼
卵巣
卵黄腺
精巣
咽頭
交接器官
生殖孔

図2．プラナリア有性個体の体制

んが、低温環境でも卵殻中ではゆっくりと発生が進行するためにその期間をやりすごすことができると思われます。

　夏になるにつれて水温も上昇してくると生殖器官は退化して無性生殖で個体数を増やします。生殖器官を持たずに無性生殖を行う個体を有性個体に対して「無性個体」とよびます。プラナリアの無性生殖では頭尾軸に対して垂直に、すなわち横分裂がまず起こります。横分裂のきっかけは体サイズ、光周期、そして棲息密度などに依存しています。横分裂後は失った領域の再生が起こります。

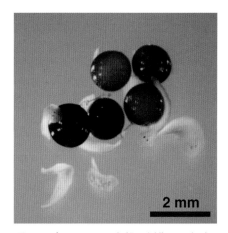

**図3. プラナリアの卵殻と孵化した仔虫**

　三岐腸類は複合卵（卵殻）の形で産卵します。三岐腸類の卵母細胞には卵黄が含まれていないため、胚発生時には卵黄腺に由来する卵黄腺細胞から栄養を吸収します。産みたての卵殻にはいくつかの受精卵と大量の卵黄腺細胞が含まれています。1つの卵殻から1〜10匹の仔虫が孵化してきます。

## 7. 実験的有性化の歴史

　1941年、R. Kenk は有性個体の頭部側 1/3 を無性個体の尾部側 2/3 に「接木」を施し、接木個体で無性個体由来の尾部に生殖器官を誘導することに成功しました[6]。この結果は有性個体中に無性個体に欠如しているあるいは少ない化学物質があってその作用によって生殖器官が誘導されたことを示唆しました。その後、1973年に M. Grasso と M. Benazzi は無性個体に別種の有性個体を餌として与えることによって有性化が引き起こされることを証明しました[7]。この研究によって、無性個体に生殖器官を誘導する異科間でも有効な有性個体中の化合物「有性化因子」の存在が明らかとなりました。日本では1981年、櫻井隆繁博士は、ナミウズムシ無性個体に有性生殖のみで繁殖しているイズミオオウズムシを給餌することによって有性化が引き起こされることを示しました[8]。そして、1986年に弘前大学理学部の手代木渉博士はナミウズムシ無性個体に対してイズミオオウズムシの他にキタシロカズメウズムシの給餌でも有性化が起こることを示し、また、有性化個体が有性生殖によって正常に仔虫を産出できることを初めて示しました[9]。私は1991年に弘前大学理学部生物学科に入学し、4年生になって発生学研究室（石田幸子先生）に配属されてプラナリアと出会いました。その時、手代木先生はすでに退官されており、弘前大学の学長になっており研究の現場から離れておられましたが、時折、古巣である発生学研究室に顔をだされることがありました。学部生であった私は手代木先生が残した有性化の研究に衝撃を受けて、弘前大学で修士課程を終えた後、東京工業大学におられた星元紀先生のもとで博士課程の研究テーマとしてプラナリア有性化の研究を選びました。

## 8. リュウキュウナミウズムシ OH 株の有性化系

　私は、環境要因ではなく化学物質の刺激で有性化現象を引き起こすことによって研究室で安定して研究ができると期待しました。また、有性化因子が明らかとなれば、無性状態から有性状態への転換の仕組みを解明する手がかりになると考えました。

　検定個体としては、石田先生が1984年に沖縄で採集したリュウキュウナミウズムシ（*Dugesia ryukyuensis*）1個体に由来するクローン集団、OH株（沖縄 [Okinawa] で採集して弘前 [Hirosaki] で株化したことに由来する）を使うことにしました（図4）。有性化因子のソースは手代木先生に倣いイズミオオウズムシにしました。1999

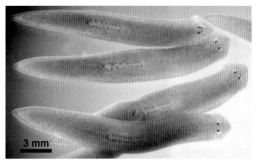

**図4. リュウキュウナミウズムシ OH 株**

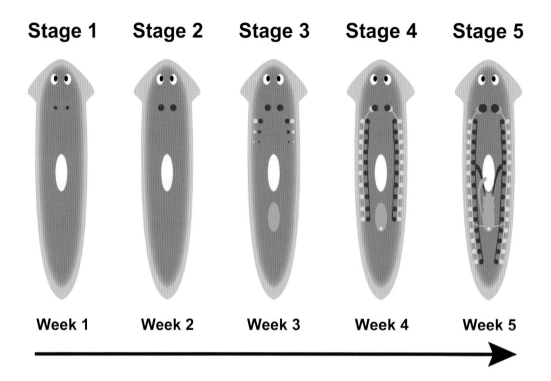

**図5. 有性化5段階**

　赤色：卵巣. 青色：精巣. 黄色：卵黄腺. 緑色：交接器官. 体中部の白抜けの部分は咽頭. 咽頭の尾部側末端には腹側
に口が開口していて，摂食時にはここから咽頭を外部に出します.

　年に給餌条件や環境条件の検討を重ねることで、全てのOH個体が約1ヶ月で完全に有性化する実験系の確立に成功しました[10)]。有性化現象では複雑な生殖器官が規則的に順序正しく分化してきます。私はその形態的な変化から有性化過程を次の5つの段階にわけました（図5）。ステージ1では、発達してきた一対の卵巣が肉眼でみえるようになりますが、まだ卵原細胞様の細胞の塊で、いわゆる卵巣原基の状態になっています。ステージ2では、その卵巣内に卵母細胞が発達してきます。ステージ3では精巣と交接器官の原基が現れ、ステージ4では、卵黄腺の原基が現れ、腹側に生殖孔が開きます。そして、ステージ5で、すべての生殖器官が成熟して有性個体の体制が整います。

## 9. おわりに

　有性化系の確立から20年弱経ちました。私は幸いに学位取得時の研究テーマをこれまで継続してきました。この有性化系を使ってプラナリアの生殖戦略に関してさまざまな面白いことがわかってきました。2012年に弘前大学に赴任してから有性化因子に関する知見も格段に増えてきました。また、最近はRNA-seq解析のデータをもとに有性化過程で働く重要な遺伝子を容易に調べられる基盤も研究室で整いました。有性化因子や有性化に関与する重要な遺伝子が明らかとなればプラナリアだけでなく、他の動物の生殖様式転換機構の解明にもつながるのではないかと期待しています。

## 参考文献

1）Mark Welch, D. & Meselson, M., 2008. Evidence for the evolution of bdelloid rotifers without sexual reproduction or genetic exchange. *Science* **288** (5469): 1211–1215.

2 ）Davison, J., 1976. *Hydra hymanae*: regulation of the life cycle by time and temperature. *Science* **194** (4265): 618–620.

3 ）Kato, Y., Kobayashi, K., Watanabe, H. & Iguchi, T., 2011. Environmental sex determination in the branchiopod crustacean *Daphnia magna*: deep conservation of a *doublesex* gene in the sex-determining pathway. *PLOS Genetics* **7** (3): e1001345.

4 ）手代木渉・渡辺憲二 編著，1998. プラナリアの形態分化―基礎から遺伝子まで―．共立出版，東京．

5 ）青木淳一 編著，2015 日本産土壌動物分類のための図解検索［第二版］．東海大学出版部，秦野．

6 ）Kenk, R., 1941. Induction of sexuality in the asexual form of *Dugesia tigrina* (Girard). *Journal of Experimental Zoology* **87** (1): 55–69.

7 ）Grasso, M. & Benazzi, M., 1973. Genetic and physiologic control of fissioning and sexuality in planarians. *Journal of Embryology and Experimental Morphology* **30** (2): 317–328.

8 ）Sakurai, T., 1981. Sexual induction by feeding in an asexual strain of the fresh-water planarian, *Dugesia japonica japonica*. *Annotationes zoologicae Japonenses*. **54**: 103–112.

9 ）Teshrogi, W. 1986. On the origin of neoblasts in freshwater planarians (Turbellaria). *Hydrobiologia* **132** (1): 207–216.

10）Kobayashi, K., Koyanagi, R., Matsumoto, M., Cebrera, P. J. & Hoshi, M., 1999. Switching from asexual to sexual reproduction in the planarian *Dugesia ryukyuensis*: Bioassay system and basic description of sexualizing process. *Zoological Science* **16** (2): 291–298.

# 15. 白神山地にくらす昆虫たち

農学生命科学部附属白神自然環境研究センター
中 村 剛 之

## 1. はじめに

　白神山地には広大なブナ林をはじめとする原生的な自然が残されています。昆虫は木の実や枝葉、花の蜜、樹液を餌として直接利用したり、落ち葉や枯れ枝、倒木などを分解したり、これらの植食性の昆虫を捕食したり、そこを住処とするなど、直接、間接に植物と深い関わりを持ってくらしています。多様な昆虫は多様な植物によって支えられています。白神山地にくらす昆虫にはどのような特徴があるのか、また、昆虫たちに今何が起きているのか紹介します。

## 2. 白神山地のチョウたち

　昆虫は日本国内に何万種もいるわけですが、白神山地に限らず、最も多くの研究がなされ、くらしぶりについて詳細に解明されているのはチョウの仲間です。まず、この地域で目にするチョウについて季節を追って紹介しましょう。

　春、雪融けを待つようにカタクリやスミレの花が咲き始めるとヒメギフチョウやスギタニルリシジミ、コツバメなどの早春のチョウたちが飛び始めます。ヒメギフチョウは黄色と黒の縞模様が美しいアゲハチョウの仲間で、まだ肌寒い早春に日がさす短い時間を利用して花から花へと飛び回ります。このチョウはその姿から"春の舞姫"とか"春の女神"などと呼ばれています。ところが幼虫は真っ黒い毛虫で、ウスバサイシンやオクエゾサイシンの葉を食べて育ちます。スギタニルリシジミは幼虫がトチノキの花を食べて育ちます。木々の芽吹きが始まった頃、トチノキが生える沢沿いの日だまりを探すと活発に飛び回る姿や地面に降りて水を吸う姿を見つけることができます（図1）。この時期に飛び回るルリタテハやシータテハは白神山地の厳しい冬を成虫のまま乗り越えた強者たちです（図2、3）。厚く積もる雪の中、木や岩の隙間に隠れて越冬するため、初春のタテハチョウを見ると翅が破れていたり、表面の鱗粉がはげ落ちているのがわかります。苦労して春を迎えたこれらのチョウも交尾と産卵を終え、命を次の世代につなぐといつの間にか姿を消してしまいます。

　季節が進み、森の緑が濃くなると初夏から夏のチョウたちが次々と現れます。多くのチョウは明るい環境を好むため、頭上を枝葉で覆われた薄暗い森の中ではクロヒカゲなどの限られたチョウだけがくらしています（図4）。ゴイシシジミはこのような薄暗い林床で見つかる翅の裏に碁石状の斑点模様をもつ愛らしいチョウです。数少ない肉食性のチョウで、幼虫はササの葉につくアブラムシを食べて育ちます（図5）。ゴイシシジミの幼虫がサ

**図1. スギタニルリシジミ**
　早春に姿を見せるシジミチョウの一種. 後にでてくるヤマトシジミとは翅の裏の斑点模様の配置が異なります.

**図２．ルリタテハ**
インド亜大陸から日本にかけて広く分布する熱帯，温帯域の
チョウ．夏にはカブトムシなどとともに樹液にも飛来します．

**図３．シータテハ**
"シー"という名は翅の裏側にＣ字型の白い模様があること
に由来します．

**図４．クロヒカゲ**
薄暗い森林内に見られるヒカゲチョウ（日陰蝶）の一種．幼虫は林
床のササの葉を食べて育ちます．

**図５．ゴイシシジミ**
翅の裏の模様からこのように呼ばれています．幼虫がササにつくア
ブラムシを食べて育つ肉食性のチョウです．

サの葉を食べることはありませんが、アブラムシ
を通して、間接的にササの群落に依存しています。
　林内に光が差し込む場所には多くのチョウが集
まります。林道沿いに生える草花にはスジグロシ
ロチョウ、ウスバシロチョウ、メスグロヒョウモ
ン、ミドリヒョウモン、サカハチチョウなどが集
まります。林道や河原ではミヤマカラスアゲハや
コムラサキが何匹も地面に降りて、集団で水を
吸っている姿が見られます（図６、７）。
　森林で最も陽の光が当たる場所はどこでしょ
う？これは木々の最上部、林冠と呼ばれる場所で
す。地面を歩く私たちのずっと頭上で活動するた
め普段は観察が難しいのですが、アカシジミやア
イノミドリシジミ、エゾミドリシジミなどのシジ
ミチョウは林冠、樹冠のチョウです。フジミドリ
シジミは幼虫がブナの葉を食べて育ちます。ブナ
を食べるチョウはフジミドリシジミしか知られて
いませんから、まさしく白神山地を象徴するチョ
ウと言えるでしょう。
　盛夏を過ぎる頃から、見られるチョウの種数も
減り、秋の気配が濃くなるとチョウたちは冬への
準備を整えます。ミドリシジミの仲間のように卵
で冬越しをするもののほか、幼虫（コムラサキや
ヒョウモンチョウの仲間など）、蛹（ミヤマカラ
スアゲハなど）、成虫（シータテハ、ルリタテ
ハ、ヒオドシチョウなど）など、チョウは種によって冬越しの仕方が決まっています。駆け足で近づい
て来る冬を前に、それぞれの越冬態にまで成長を進め、適当な場所を探して身をかくし、万全の体制で
厳しい冬を迎えます。

図6．コムラサキ
林道や河原の砂地に降りて給水をします．幼虫は柳の葉を
食べて育ちます．

図7．サカハチチョウ
発生する季節によって翅の模様が大きく変わり，季節的な
多型の好例として紹介されることがあります．

## 3．特徴ある分布をする昆虫

　全体で13万haにもおよぶ白神山地では、どこでも同じ昆虫が見られる訳ではありません。それぞれ
の昆虫の生息には特有の環境条件がありますし、昆虫の分布には地形やその土地の歴史も深い関わりを
もっています。

　アキタクロナガオサムシは白神山地を北限としています（図8）。藤里町や八峰町など白神山地の秋
田県側には生息していますが、青森県側ではこれまで1匹も見つかっていません。オサムシの仲間の多
くは鞘翅に隠された後翅が退化していて飛ぶことができません。そのため、移動能力が低く、分布は地
形の影響も強く受けていると考えられます。別な例では、コクロナガオサムシは白神山地のほぼ全域に
見られるのに対し、これと近縁な関係にあるクロナガオサムシは青森県での分布が八甲田山より東の地
域に限られ、津軽平野と白神山地には分布していません[1]。このような変わった分布をしている昆虫を
調査することで、白神山地昆虫相の成因に関する何らかのヒントが得られるかもしれません。

　また、白神山地の西側の海岸沿いは暖かい対馬海流の影響を直接受ける場所です。ここでは雪融けも
早く、海岸には南からの漂着物が流れ着きます。常緑樹のタブノキが点々と分布しているのも日本海側
の海岸線の特徴です。オオゴキブリは白神山地を代表する南方系の昆虫の一つです。青森県ではただ一
カ所、深浦町の十二湖の周辺で見つかっています。この虫は良好な森林の中で倒木などの朽ち木の中に
潜り込んで生活をしています。近年、日本各地
で生息地が減少しており、"ゴキブリ"の仲間
ではありますが、保護すべき、愛すべき森の住
民です。

　民家や畑の周りに茂るヤブカラシの花にはフ
タオビミドリトラカミキリという抹茶色をした
小さなカミキリムシが集まります。これも、南
方系の種で、東北地方では日本海沿岸に特有の
昆虫です。

　白神自然観察園の来園者にしばしば聞かれる
質問に「白神山地に固有な昆虫は何ですか」と
いうのがあります。固有種とはその場所にしか
生息していない生物種のことです。質問をされ

図8．アキタクロナガオサムシ
前胸背板が青みがかるのが特徴です．

る方は世界自然遺産として国際的に認知されている地域だから、ここにしか見られない貴重な生物がたくさんいるのだろうと思われるようです。地下の生活に適応したチビゴミムシの仲間に白神山地でしか見つかっていない種がいくつかあります。しかし、この仲間のゴミムシは日本全国で狭い地域ごとに300以上の固有種に種分化しているグループで、白神山地の特色を示す昆虫とはいいにくい一面があります。実をいうと白神山地には固有な昆虫はほとんどいません。これは多くの固有種が知られている屋久島や小笠原諸島など他の世界遺産と大きく違っているところです。豊かな自然が残されているにも関わらず、なぜ固有種が少ないのでしょう。白神山地の歴史にその理由があります。白神山地のブナ林の歴史は今からおよそ8000年前に始まったといわれています。さらに、この短い期間ですら白神山地は周辺地域と地続きで多くの昆虫は自由に出入りすることができました。白神山地では固有種が生じるために重要な条件の一つとされる地理的な隔離がほとんど起きていません。何万年にもわたって海によって他の地域から隔離されている屋久島や小笠原諸島と大きく条件が異なります。

　白神山地は良好なブナの森が広範囲に残されていることで世界自然遺産に登録されました。この土地の特殊性は固有な生物が多く生息していることではなく、ブナ林を中心にもともと普遍的にあった自然が手つかずに近い状態で残されていることに他なりません。

## 4．変化する白神山地の昆虫相

　白神山地は縄文時代から続くブナの森であり、一見するとそこにすむ生物には何百年もの間、大きな変化がなかったかのように思えます。世界自然遺産に登録され、核心部の開発や人の出入りがほとんどなくなった地域は、自然の聖域として未来永劫、今の姿を変えることなく保全されていくと思われがちです。しかし、白神山地といえども近年地球上で起こっている環境変化とは無関係ではいられません。地球温暖化の影響や大気の汚染、酸性雨は山を越えて最深部まで届きます。外来生物の侵入もおそらく防ぎようがないでしょう。こうした影響はそこにくらす生物には複合的に働くため、既存の動植物への影響を客観的に理解することは大変に難しいことです。

　先に紹介したヒメギフチョウは、林の中には餌となる食草がたくさんあるにも関わらず、この20年ほどの間に生息場所が縮小し、ごく限られた場所でしか見つからない珍しい昆虫となってしまいました。

　生息地が減少している昆虫もあれば、逆に、最近になって白神山地に分布するようになった昆虫もいます。ヤマトシジミは翅を開くと25 mm前後の小さな水色のチョウです（図9）。このチョウはもともと東北地方の北部には分布していませんでしたが、1990年代に入るころから徐々に北上を始め、2000年には白神山地の西側、日本海沿岸に分布するようになりました[2]。また、クロアゲハという大型のチョウも1995年頃から継続的に見つかるようになりました[3]。もともと白神山地周辺に分布していたものか、最近分布するようになったものかはわかりませんが、ショウリョウバッタ、コカマキリ、ヒロバネカンタン、ナギサスズなども2000年あたりから見つかっています。

　このような昆虫の増減、分布域の変動は自然なこととは考えにくく、今後どのような変化が起きてくるか注視する必要があるでしょう。

**図9．ヤマトシジミ**
　関東地方などでは平地に普通に見られるシジミチョウの一種．幼虫は開けた草地や公園などに生えるカタバミの葉を食べて育ちます．

## 5．白神の昆虫を調査する

白神山地の昆虫は青森県[4~6]や青森県立郷土館[7,9]、その他多くの研究者によって調査されてきました。2019年にそれまで文献上で記録された白神山地の昆虫のリストをまとめたところ、310科3,633種の分布が確認されました[8]。皆さんはこの数を多いと感じられるでしょうか。私は、今後の調査研究によってまだまだ多くの昆虫が発見されるだろうと考えています。

昆虫は種が多すぎて、昆虫学者と呼ばれる人々でも少人数で全ての昆虫の名前を調べあげることはできません。プロでもアマでも昆虫学者には専門とする昆虫の仲間があり、○○先生はチョウ、

**図10．白神自然環境研究センターの標本室**
白神山地を中心にチョウ目やコウチュウ目の標本を収集しています.

××氏はカミキリムシ、△△教授はトンボといった具合に調査が分担されます。中には日本国内には専門家がいない昆虫類もあるのです。その結果、地域の昆虫相調査では、どうしても調査がしやすく、多くの研究者の関心が高い分類群に調査結果が偏る傾向があります。

白神山地の調査も例外ではなく、ハエやハチ、小さな蛾の仲間などはあまり調べられていません。これまで調査が手薄であった分類群を調べることで、白神山地の昆虫として確認される種も増え、さらには思いもよらない貴重な昆虫が見つかることもあるかもしれません。

ところで、人との関わりもなく、人の関心も薄い微小な昆虫類を一つ一つ調べていくことにはどのような意味があるのでしょう。この作業は言ってみれば、森の住民票作りに他なりません。自然史研究についての最も基本的な情報を得るための作業です。大変地道な作業ではありますが、白神山地という限られた地域に、あるときどれだけの昆虫の種が生息していたかがわからなければ、昆虫の保護の仕様もなければ、変化の研究にも着手できません。

弘前大学白神自然環境研究センターでは、現在、白神山地の動植物相の解明とその証拠資料となる標本の収集を最優先の課題として取り組んでいます。

## 参考文献

1）東日本オサムシ研究会（編），1989. 東日本のオサムシ―地域の特徴をつなぎ合わせる―. ぶなの木出版.

2）工藤忠，2001. 青森県のヤマトシジミ―2000年10月における発生状況―. *Celastrina* **36**: 2–19.

3）工藤忠，2001. 青森県へ進入したクロアゲハの現状. *Celastrina* **36**: 20–22.

4）青森県，1987. 白神山地自然環境調査報告書（赤石川流域）.

5）青森県，1989. 白神山地自然環境調査報告書（大川・暗門川流域）.

6）青森県，1990. 白神山地自然環境調査報告書（追良瀬川流域）.

7）青森県立郷土館，1991. 赤石川流域の自然. 青森県立郷土館調査報告　第28集　自然3.

8）Nakamura, T., 2019. A preliminary list of the insects recorded from the Shirakami Mountains and the adjacent areas, Honshu, Japan. *Shirakami-Sanchi* **7**: 23–62.

9）青森県立郷土館，1996. 白神山地の自然―笹内川・十二湖周辺―. 青森県立郷土館調査報告 第37集 自然4.

# 16. 森林の無脊椎動物

農学生命科学部　生物学科
## 池　田　紘　士

## 1. はじめに

　白神山地には広大なブナ林が広がっています。しかし、氷河期のころには現在よりも気温が低かった
ため、ブナも限られた範囲にしか存在していませんでした。当然、そこに生息する昆虫など他の生物も
分布が限られており、白神山地をはじめとする東北地方北部に現在生息している生物の中には、2万年
前の最終氷期終了後に、南の地域から急速に北へと分布を拡大した種も少なくはないと考えられます。
ここでは、このような森林に生息する無脊椎動物について簡単に紹介していきます。

## 2. 森林の無脊椎動物

　無脊椎動物とは、背骨をもたない動物のことを広く指し、たとえば昆虫、ミミズ、貝、ホヤなどがあ
げられます。これらの中でも特に種数が多いのは昆虫です。昆虫はこれまでに約90万種が知られ、記
載されている種の半分以上を占めます[1]。昆虫とは、一般には節足動物門六脚亜門昆虫綱に属する種の
ことですが、"〜ムシ"や"〜チュウ"と名前のつく生物でも昆虫ではない生物も存在し、例えばダンゴ
ムシは節足動物門甲殻亜門軟甲綱ワラジムシ目に属します。

　森林には地中から林冠部に至る様々な環境に、多くの無脊椎動物が存在しています。草地などと比べ
て種数が多いために生物間の関係についても不明な点も多く、その中でも土の中の無脊椎動物は未解明
な部分が特に多く、種名のついていない種も多いです。例えばミミズはこれまでに日本で100種以上が
知られていますが[2]、森林内でミミズを採集すると、種名のついていない種が多いのが現状です。私
は、森林の土壌動物の多様性を明らかにするため、ミミズを対象として研究を行ってきました[3]。ミミ
ズは形態の特徴が少ないために種を分けるのが困難であることから（図1）、遺伝子解析をして塩基配
列を読み、それをもとに種を分けるという手法を試みてきました。中部および北陸の山岳地域の森林
12地点でミミズを採集した研究からは、ミミズの中でも日本で最も多様な科であるフトミミズ科につ
いては230個体が採集され、遺伝子解析を行って種を分けたところ、その中に25種が含まれることが
わかりました。また、森林のフトミミズ科の群集構成は、その地点の土壌の環境による影響を強く受け
て決まってくることがわかりました。ただ、森林のミミズの群集構成についてはまだまだ不明な点も多
く、日本で広く調査を行うことで、さらに理解が深まると考えられます。

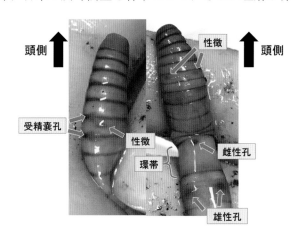

**図 1. ミミズの主な形態的特徴**
フトミミズ科のフトスジミミズ（*Amynthas vittatus*）を例に示
す.（念代周子撮影）

## 3. 東北地方の生物多様性

　日本は島国であり、日本列島を形成する主要な島（北海道、本州、四国、九州など）は、かつて大陸と繋がっていたことのある島であり、大陸島に分類されます。それに対し、一度も大陸と陸続きになったことのない島である海洋島は、日本では小笠原諸島や伊豆諸島に限られます。したがって、日本の主要な島の生物相は、大陸に生息する生物の移入によって形成されてきました。生物が日本列島に侵入してきたルートとしては、北からと南からがあります。青森県は本州最北端の地であるため、北から北海道を経由して本州に侵入してきた種と、本州を北上してきた種が接する地点です。そのため、これらの生物の間では、様々な現象が起こる可能性があります。たとえば、地表性甲虫とよばれる地面を歩いている甲虫では、北海道から入ってきた種（エゾナガゴミムシ、*Pterostichus*

図2．ホソヒラタシデムシ
(*Silpha longicornis*)

*thunbergi*）と、それに近縁な、本州にもともと生息していた種（トウホクナガゴミムシ，*P. habui*）の間で交雑が起こり、ミトコンドリアの遺伝子が別の種に入り込んでしまう遺伝子浸透という現象が生じていることが明らかにされています[4]。

　一般に、より赤道に近い地域のほうが生物多様性が高いということは広く知られています。ですが、その場所の生物の種構成は気候変動の中で大きく変わり、過去数十万年という期間の中でも氷期と間氷期が繰り返され、その中でそれぞれの生物種の分布は大きく変遷してきました。現在の生物の分布は、約2万年前の最終氷期以降の気温上昇の中で生物の分布が変遷してきた結果成立しているものであり、今後の気候変動によっても生物の分布は大きく変わっていきます。東北地方は、現在ではブナが山地に広く分布していますが、最終氷期の頃にはごく限られた場所にしか分布しておらず、それに対応してそこに生息する生物の分布も大きく変わってきました。私は地表性甲虫について研究をしてきましたが、その中で、山地のブナ林に生息するホソヒラタシデムシ（*Silpha longicornis*）という種（図2）について、遺伝子解析を行ってその分布拡大を調べたことがあります[5]。その結果からは、中部、近畿地方の集団は集団間で遺伝的な分化が大きく、より古い時期から集団間で隔離が生じてきたのに対して、東北地方の集団は、比較的最近分布を広げてきたことがわかりました（図3）。このように、白神を含む東北地方の生物群集はより南の地域の生物群集に比べて比較的最近形成されてきたと考えられます。

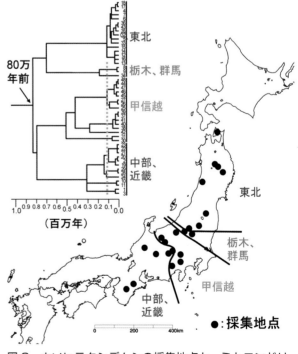

図3．ホソヒラタシデムシの採集地点と、ミトコンドリアのCOI領域の塩基配列から推定された系統樹
(Ikeda et al., 2009[5]) を改変.

以上のように、白神山地の森林の無脊椎動物は、生物地理や進化の観点からも興味深く、今後のさらなる研究によって様々な事例が明らかになってくることが期待されます。

**参考文献**

1）Grimaldi, D. & Engel, M. S., 2005. Evolution of the insects. Cambridge University Press, Cambridge.

2）石塚小太郎（著）・皆越ようせい（写真），2014. ミミズ図鑑. 全国農村教育協会，東京.

3）Ikeda, H., Fukumori, K., Shoda-Kagaya, E., Takahashi, M., Ito, M.T., Sakai, Y. & Matsumoto, K., 2018. Evolution of a key trait greatly affects underground community assembly process through habitat adaptation in earthworms. *Ecology and Evolution* **8**: 1726–1735.

4）Kosuda, S., Sasakawa, K. & Ikeda, H., 2016. Directional mitochondrial introgression and character displacement due to reproductive interference in two closely related *Pterostichus* ground beetle species. *Journal of Evolutionary Biology* **29**: 1121–1130.

5）Ikeda, H., Kubota, K., Cho, Y.B., Liang, H. & Sota, T., 2009. Different phylogeographic patterns in two Japanese *Silpha* species (Coleoptera: Silphidae) affected by climatic gradients and topography. *Biological Journal of the Linnean Society* **98**: 452–467.

# 17. ニホンジカ侵入と定着のインパクト

中 村 剛 之

## 1. はじめに

　私は以前、栃木県日光市の街外れに住んでいたことがあります。そこは周囲を深いスギ林やコナラ・オニグルミなどの二次林に囲まれていて、庭にニホンザルやニホンリスがやってくることもしばしば。秋の澄み切った空に響くニホンジカの鳴き声に自然の豊かさを感じて、自然好きの私は入居した当初、とても嬉しく思ったものです。しかし、そこに住んでしばらくすると、何かがおかしいということに気がつきます。ニホンジカが夜な夜な我が家の周辺を歩き回り、庭の植物を荒らしていきます。草花の種をまいても出てくる芽はみな摘まれてしまい一向に花が咲きません。近くの林では、ちょうど私の目線の高さから下では葉が十分に茂らず、夏になっても林内がまるで誰かが草刈りでもしたかのように見通しが良いのです。若い木は食べられ、幹周りが一抱えもありそうな樹木も皮を剥がされ、枯れていきます。

　これらは全てニホンジカの食害が原因です。現在、日本各地で増えすぎたシカによるこのような食害が深刻になっています。よく言われることですが、この地球上の自然環境は多くの生き物が互いに影響しあいバランスを保っています。しかし、近年、このバランスが崩れ、これまでにはなかった問題があちこちで表面化するようになりました。そして、その多くは直接的、間接的に私たち人間の活動が原因となっています。この章では、日本各地で問題化しているニホンジカの増加とそれによって生じる被害について解説し、その問題と対策について考えます。

## 2. ニホンジカという動物

　ニホンジカは学名を *Cervus nippon* といい、東アジアに広く分布する中型のシカの一種です。現在ではヨーロッパや北米、ニュージーランドなどにも人為的に移入されて、分布しています。雄は枝分かれする角を持ち、偶蹄目シカ科に分類されます（図1）。青森県にはニホンカモシカ（*Capricornis crispus*）が分布していますが、名前に"シカ"とついてはいるものの、こちらはウシ科に分類され、ウシやヤギに近縁な動物です。

　ニホンジカは国内では北海道、本州、四国、九州に広く分布し、屋久島や対馬などいくつかの離島にも分布しています。体の大きさや角の枝分かれの仕方などの特徴によって、エゾシカ（ssp. *yesoensis* ／北海道）、ホンシュウジカ（ssp. *centralis* ／本州）、キュウシュウジカ（ssp. *nippon* ／九州、四国）、ツシマジカ（ssp. *pulchellus* ／対馬）、ヤクシカ（ssp. *yakushimae* ／屋久島）など、いくつかの亜種に分けられています。北海道に産するエゾシカは体が大きく、雄成獣の体重が130kgにもなり、ホンシュウジカでは80kgほど、離島にすむものは雄で

図1. ニホンジカの雄 （栃木県日光市）

図2．九州山地のブナ林 (熊本県八代市 2012 年 7 月)　　図3．白神山地のブナ林 (青森県深浦町 2013 年 7 月)

も 40kg ほどと体が小さくなり[1]、ベルクマンの法則の好例として知られています。

　ニホンジカは季節によって体毛が生え変わります。夏はオレンジ色に近い明るい褐色に白っぽい水玉模様（鹿の子模様）が印象的ですが、秋から冬にかけては暗褐色の無地の毛皮に変化します。雄は雌に比べて体が大きく、成獣には頭に 4 本の枝をもつ一対の枝角が生えています。この角は春先に落ち、毎年生え変わります。これは一生角が生え変わらないニホンカモシカやヤギなどと異なるシカの仲間の大きな特徴です。前年の角が落ちると、頭頂に残った切り株状の突起（角座）から、軟毛におおわれた袋角がまるでキノコのように生えてきます。袋角は夏までに成長を終え、表面の皮がむけて、中から固い角が現れます。ニホンジカの交尾の時期は 9 ～ 11 月。この時期にはナワバリを手にした雄が大きな鳴き声を上げて自分の行動範囲を誇示し、交尾相手となる雌を確保して、ナワバリに侵入する別の雄を見つけては大きな角を使って追い払います。この時期に交尾を済ませた雌は 8 ヶ月ほど後の翌年の初夏に 1 頭の子鹿を産みます。生まれた子鹿は栄養条件が良くて早ければ 1 歳で性的に成熟し、 2 歳での妊娠率は 80 ～ 100%となります[1]。ニホンジカの寿命は雄では 10 ～ 12 年、雌では 15 ～ 20 年で、この間、毎年のように出産を繰り返します[2]。自然増加率は 20%前後と推定されています[3]。

　シカは大食漢で、成獣は一日に 5 ～ 6 kg の植物を食べます。ササなどイネ科の植物をよく食べますが、一部の植物を除き、植物であれば何でも食べることができます。植物の葉が少なくなる冬には木の皮や落ち葉も食べてしまいます。このような動物が急激に、それも各地で増加しているのですから、日本の自然にとって大きな脅威となる訳です。

## 3．日本各地の被害

　まず、2 枚の写真を見比べてください（図2、3）。左は九州山地（熊本県八代市（旧泉村））、右は白神山地（青森県深浦町）のブナ林の様子です。何れも 7 月に撮影されたものですが、実質的にニホンジカの食害を受けていない白神山地とニホンジカが高密度で生息する九州山地では林内の景観がこのように異なっています。この九州のブナ林は林野庁によって九州中央山地森林生物遺伝資源保存林に指定されている地域で、私は 1990 年代に幾度かこの場所を訪れたことがありますが、当時は右の白神山地のように林床はさまざまな植物におおわれていました。しかし現在では、林内にはシカが食べない有毒なバイケイソウ（メランチウム科）やタケニグサ（ケシ科）をのぞき、ほとんどの草本類が姿を消し、地面はシカの足跡と糞だらけです。いつ頃からこのような状態になったのかは分かりませんが、20 年ほどの間に林の中の環境がすっかり変わってしまいました。これだけの変化が起きると、その影響は植物だけに留まりません。そこにすんでいた昆虫などの動物はいったいどうなったのでしょうか。さらに、今後もこの状態が続けば、林内の乾燥化や表土の流失が起こります。稚樹が食べられてしまうため

樹木の世代交代ができなくなり、木が枯れる端から裸地が広がっていくでしょう。川は濁り、森林そのものがなくなってしまうことすら懸念されます。

　実はこれと同様の現象が日本のあちこちで起こっています。いくつかの地域の事例を紹介しましょう。

　最初に紹介した栃木県日光市の奥日光と呼ばれる地域では、林床植物の食害、樹木の皮剥ぎが顕著に見られます（図4）。国内では関東地方以北の最高峰である白根山の頂上付近はさまざまな高山植物が見られるお花畑となっていましたが、現在は見る影もありません。この山は青森県にも分布するシラネアオイと呼ばれる春植物の名の由来にもなっているのですが（第10章参照）、この花も現在、白根山で見ることはできなくなりました。

　中禅寺湖の湖畔では6月頃一面に咲き乱れるクリンソウ（サクラソウ科）が人気となり、多くの観光客が訪れます。水辺をおおうほどのクリンソウの大群落は確かに美し

図4．ニホンジカによる皮剥ぎ
（栃木県日光市，2011年）

く、見事なものですが、実はこれもニホンジカの影響によって作られた景観です。ニホンジカは毒があるクリンソウを食べません。その一方でクリンソウと競合する他の植物を食べてしまうため、結果的にクリンソウが優勢となり大群落ができてしまうのです。

　白根山の麓には戦場ヶ原、小田代原とよばれる湿原が広がっています。ここにはコヒョウモンモドキと呼ばれるタテハチョウの孤立した個体群がありましたが、この蝶の幼虫が餌とするクガイソウ（オオバコ科）をニホンジカが徹底的に食べてしまったため、幼虫の餌がなくなり、コヒョウモンモドキはこの地域から姿を消してしまいました。その後の保護対策によって、わずかに残っていた株や地中の根などからクガイソウは復活したものの、コヒョウモンモドキは戻らず、現在は絶滅したものと考えられています。奥日光の林内では樹皮剥ぎや幼樹の食害による森林被害を避けるため、保護対象とする木々のニホンジカの口が届く範囲にネットでおおう対策をとっています（図5）。自然林の中の木を一本一本確認しながらネットを設置するのはたいへんな作業です。また、戦場ヶ原と小田代原では、湿原の貴重な植物を守るため、湿原全体を全長17kmの柵で囲み、ニホンジカの侵入を防止する対策がとられています（図6）。車道や沢などとこの柵が交差する場所では、シカの侵入を完全に阻止することは難しい

図5．ニホンジカによる皮剥ぎを防ぐネット
（栃木県日光市，2013年）

図6．シカ侵入防止柵
（栃木県日光市小田代原，2013年）

のですが、散策道など人の通行がある場所には回転扉が設置され、動物の行き来を阻止しています（図7）。

白神山地と同様に世界自然遺産に登録されている知床半島、屋久島でもニホンジカの影響は甚大です。知床半島の先端に位置する知床岬周辺は、冬の間吹き付ける強い風のために樹木が育たず、広い範囲が草地となっています。1980年代までこの場所は高山植物の宝庫でした。冬の間も深い雪が積もることがないため、体の大きなエゾシカが餌を求めて多数やってきます（図8）。航空カウント調査によると、2000年以降、知床岬の狭い範囲から多い年には500頭を超えるエゾシカが確認されています[4]。このエゾシカによる採食圧によって知床岬周辺は、ハンゴンソウ、トウゲブキ、アメリカオニアザミ（全てキク科）など、エゾシカが好まない植物や刺のある外来種が優占する草地へと変貌し、周囲の森林では樹皮が剥がされ、立ち枯れが目立つようになり、林縁部が後退するという影響が出ています（図9、10　第1章参照）。

屋久島には成獣でも体重が20〜30kg前後の小さなヤクシカが生息しています。一時期は絶滅も危ぶまれたということですが、1990年代から個体数が増加し、2013年の環境省による調査では島内に29,000〜32,000頭が生息すると推定されています。生息密度が1km²あたり200頭を超える場所もあると推定され、世界遺産地域の生態系への影響のみならず、農業被害も深刻となっています[5]。

いずれの地域でも、重要地域への侵入防止柵の設置、捕獲による個体数調整などの対策が行われています。

## 4．白神山地とニホンジカ

青森県のレッドデータブックによると、ニホンジカは江戸時代には青森県内にも分布していたものの、その後絶滅したとされています[6]。おそらく、人によって捕り尽くされてしまったのでしょう。そのため、青森県では八甲田山でも白神山地でも、食害を受けることなく豊かな植生が維持されてきました。しかし、1章でも触れられているように、近年になって白神山地周辺、世界遺産地域のごく間近でもニホンジカの姿が目撃されるようになりました。岩手県などもともとの生息地で個体数が増加し、周辺の地域に分散してきたものと考えられます。青森県と秋田県の報告によると2018年度には白神山地周辺の6市町村から39件43頭の目撃情報がありました[7]。

図7．シカ侵入防止の回転扉
（栃木県日光市小田代原，2013年）

図8．知床岬で冬を越すエゾシカ
（山中正実撮影，1996年）

図9．知床岬地区に侵入したアメリカ
オニアザミ（石川幸男撮影）

図10．知床岬周辺でのニホンジカによる
皮剥ぎの被害（石川幸男撮影）

常識的に見て、すでに遺産地域にも多くのシカが侵入していると考えてよいでしょう。

　白神山地にもこのままニホンジカが侵入し、定着してしまうのでしょうか。最近まで青森県でニホンジカは一旦絶滅したものと考えられてきましたが、過去に生息していたことを考えると、その可能性は十分に考えられます。むしろ豊かな林床植物が残る白神山地はニホンジカにとってくらしやすい新天地であるはずです。私が九州山地のブナ林で見たような急激な変化が間近に迫っているのかも知れません。ニホンジカが白神山地に定着し、その数が増えると、ブナ林の多くの植物が失われます。そうなると、山を歩いて山野草を愛でることも、季節ごとの山菜や茸を採ることもできなくなります。資源としての森林の価値が低下し、観光地としての魅力も損なわれてしまいます。

　青森県内では青森県自然保護課、環境省、林野庁東北森林管理局、弘前大学白神自然環境研究センターなどが自動撮影カメラを使ったニホンジカの監視を行っています。状況の把握のために重要な対策ですが、監視だけでは侵入を阻止したり、個体数増加を抑制したりすることはできません。ニホンジカを直接捕獲、排除することを考えなくてはなりません。そのためには予算、人材の確保、実際の作業の実施などにいくつものハードルがありますが、2016年11月、青森県が県ニホンジカ管理対策検討科学委員会において「全頭捕獲を目指すべき」「青森県内で管理の地域区分を設けない」との方針を示したのは画期的なことです[8]。2017年から罠を使った捕獲の取り組みも始まっていますが、今後の取り組み方、効率的で具体的な捕獲方法の検討が今後の課題となります。

## 5．急激な増加の原因は何か

　そもそもなぜ、ニホンジカはこのように問題が大きくなるほど増えてしまったのでしょうか。人は簡単な答えを探しがちですが、その原因は単純なことではなく、いくつもの要因が関与しているはずです。

　ニホンジカが増え続ける根本的な要因の一つとして、ニホンジカの生態的な地位と生物学的な特性が挙げられます。ニホンジカは植物を食べて育つ一次消費者です。一次消費者にはより高次の地位を持つ捕食性の動物に食べられるという宿命があります。他の動物に食べられることによって多くの個体が死亡しても、個体数が維持できるだけの繁殖力があるのです。もともと、餌が豊富で捕食者などの脅威がない場所では、爆発的に増加する潜在能力があるのです。

　その上、現在の日本にはニホンジカの個体数を左右するほどの捕食者は見当たりません。ニホンオオカミの絶滅がニホンジカの増加と関係があるとする意見をよく耳にします。ニホンオオカミは強力な捕食者でしたから、影響は小さくはなかったでしょう。その絶滅は確かに現在のニホンジカの増加に歯止めがかからない要因の一つではあるはずです。ただし、ニホンオオカミの絶滅は今から100年以上前のことですから、近年のニホンジカ増加とのタイムラグが長過ぎます。ニホンジカにとってニホンオオカミよりも強力な捕食者、それは私たち人間です。東北地方の（青森県を含む）各地でニホンジカが地域的に絶滅したのは人が捕り尽くしてしまったことが原因と考えられています。しかし、近年、狩猟を行うハンターの数は減少を続けています。ピーク時には国内に50万人以上いたハンターは1980年代に入ると急激に減少し、現在は20万人以下にまで落ち込んでいます[9]。また高齢化も深刻で狩猟免許は持っていても実際に猟に出る人の数はさらに少ないと考えられます。ハンターの減少は直接的にニホンジカの個体数の増加につながっていると考えられます。

　餌や生息環境はどうでしょう。ニホンジカが好んで食べる植物は暗い森林の中より、日中に日がよく当たる場所に豊富です。伐採地、牧場、林縁部、放棄された農耕地、道路工事で生まれる緑化された法面など人の手でつくられた草地は格好の餌場となります。栄養状態が向上すると安定して子供を産むことができるでしょうし、子鹿の死亡率も低下するはずです。山村部から人が離れ、管理されなくなった人工的な環境はニホンジカにとって都合の良い住処を提供しているのです。近頃の暖冬傾向も大きく影

響しています。雪国では深く積もった雪が冬の間の移動や餌探しを難しくします。雪の多い年には多くのシカが餓死し、特に体が小さく体力のない子鹿の死亡率が高くなります。しかし、暖冬によって雪が少なくなると、冬を無事に乗り切る個体が増えるのは想像に難くありません。

このようなさまざまな条件が重なってニホンジカは各地で個体数を増し、分布域を広げているのです。

## 6. おわりに

ニホンジカも本来、日本の自然の一部です。いなくなってよいはずはありません。しかし、ニホンジカの食害によって林の中が丸坊主になるような状態は明らかに異常です。森林が元の姿を取り戻し、その状態を維持できるレベルまでニホンジカの個体数を制限する必要があります。個体数の制限（調整、抑制、コントロール）とは、ニホンジカを殺すことを意味します。自然を保護するために自然の一部であるニホンジカを殺し、個体数を調整する。このことに違和感や嫌悪感を持つ人もいるかも知れません。自然保護について、いろいろな異なる考え方が生まれてくるのはこうしたところからです。人の考え方はそれぞれなのでここで取り上げることはしませんが、私は殊にニホンジカの問題についてはこう考えています。思い浮かべてみて下さい。自然とは本来厳しいものです。捕まえられたウサギがかわいそうだからとキツネから獲物を取り上げて助けていたのではキツネがくらしていけません。自然とは殺し、殺される（食う、食われる）関係の中で物質が循環し、バランスがとれているはずのものです。そこに「殺すことはいけないことだ」「かわいそうだ」「動物には罪がない」と人間の道徳観や感情的な基準を当てはめたのではおかしなことになります。現在、ニホンジカがどんどん増えている原因を作り出したのは間違いなく私たち人間であるはずです。それによって日本中の森林に生きる動植物の多くが生存の危機にさらされているのであれば、こうした動植物の生息環境を守るためにも、ニホンジカを殺して間引くという汚れ役を私たちが担う必要があるのではないでしょうか。ニホンジカの個体数を制限する要因を取り払ってしまった私たちには将来にわたってその数をコントロールし続けなくてはならない責任があるのだと考えています。皆さんはどう考えますか？

## 参考文献

1）高槻成紀，2006．シカの生態誌．東京大学出版会，東京．
2）ニホンジカのこと、もっと知って下さい 丹沢におけるニホンジカの保護管理の取り組み（神奈川県パンフレット）（http://www.pref.kanagawa.jp/uploaded/attachment/631777.pdf）（2017年1月8日アクセス）
3）統計手法による全国のニホンジカ及びイノシシの個体数推定等について（平成27年4月　環境省自然環境局）（https://www.env.go.jp/press/files/jp/26914.pdf）（2017年1月8日アクセス）
4）環境省釧路自然環境事務所・公益財団法人知床財団，2013．平成24年度知床岬地区エゾシカ個体数調整業務報告書．
5）九州地方環境事務所・九州森林管理局・鹿児島県・屋久島町，2015．屋久島地域ヤクシカ管理計画（仮称）．
6）青森県，2001．青森県の希少な野生生物―青森県レッドデータブック―普及版．青森県環境生活部自然保護課，青森．
7）平成30年度ニホンジカ調査結果（第19回 白神山地世界遺産地域科学委員会配布資料）．
8）ニホンジカ、全島捕獲へ／青森県の対策検討委．Web東奥．（http://www. toonippo.co.jp/news_too/nto2016/20161119019834.asp）（2017年1月8日アクセス）
9）種別狩猟免許所持者数，環境省．（hppts://www.env.go.jp/nature/choju/docs/ docs4/syubetu.pdf）（2017年1月8日アクセス）

## 執筆者（所属）アルファベット順

本 多 和 茂（弘前大学農学生命科学部国際園芸農学科）

池 田 紘 士（弘前大学農学生命科学部生物学科）

石 田　　清（弘前大学農学生命科学部生物学科）

石 田 祐 宣（弘前大学大学院理工学研究科地球環境防災学科）

石 川 幸 男（弘前大学農学生命科学部附属白神自然環境研究センター）

上 條 信 彦（弘前大学人文社会科学部文化財論講座）

小 林 一 也（弘前大学農学生命科学部生物学科）

小 池 幸 雄（白神マタギ舎）

工 藤　　明（弘前大学名誉教授）

丸 居　　篤（弘前大学農学生命科学部地域環境工学科）

松 山 信 彦（弘前大学農学生命科学部食料資源学科）

中 村 剛 之（弘前大学農学生命科学部附属白神自然環境研究センター）

根 本 直 樹（弘前大学大学院理工学研究科地球環境防災学科）

佐々木 長 市（弘前大学農学生命科学部地域環境工学科）

丹 波 澄 雄（弘前大学大学院理工学研究科電子情報工学科）

殿 内 暁 夫（弘前大学農学生命科学部分子生命科学科）

鄒　　青 穎（弘前大学農学生命科学部地域環境工学科）

山 岸 洋 貴（弘前大学農学生命科学部附属白神自然環境研究センター）

## 編　集

中 村 剛 之（弘前大学農学生命科学部附属白神自然環境研究センター）

## 編集後記

　本書は弘前大学で開講されているローカル科目「青森の自然―白神学Ⅰ―」のテキストとして作成されたものです。この授業では、白神山地をフィールドとする教員が自らの研究を交えながらさまざまな角度から白神山地の自然や人のくらしを紹介します。白神山地について学んだ学生の皆さんには、是非一度、白神山地に実際に足を運び、その自然を体で感じてもらいたいと思います。

　原稿をお寄せ下さいました皆さん、出版に際してお世話になりました弘前大学出版会の皆さんに深くお礼を申し上げます。

令和2年8月　中 村 剛 之

# 白神学入門〈2021〉

2021年3月22日　初版 第1刷発行

編　　集　弘前大学農学生命科学部附属白神自然環境研究センター

発　　行　弘前大学出版会　**HUP**
　　　　　〒036-8560　青森県弘前市文京町1
　　　　　TEL 0172-39-3168
　　　　　FAX 0172-39-3171

印刷・製本　やまと印刷株式会社

ISBN978-4-907192-92-1